◎ 王春梅　王晓力　主编

青贮饲料百问百答

中国农业科学技术出版社

图书在版编目(CIP)数据

青贮饲料百问百答 / 王春梅，王晓力主编 .— 北京：
中国农业科学技术出版社，2017.10
ISBN 978-7-5116-3230-2

Ⅰ.①青… Ⅱ.①王… ②王… Ⅲ.①青贮饲料–问题解答 Ⅳ.① S816.5-44

中国版本图书馆 CIP 数据核字（2017）第 221042 号

责任编辑 张国锋
责任校对 贾海霞

出 版 者 中国农业科学技术出版社
北京市中关村南大街 12 号 邮编：100081
电　　话 （010）82106636（编辑室）（010）82109702（发行部）
（010）82109709（读者服务部）
传　　真 （010）82106631
网　　址 http://www.castp.cn
经 销 者 各地新华书店
印 刷 者 北京富泰印刷有限责任公司
开　　本 850mm × 1168mm 1/32
印　　张 4.75
字　　数 132 千字
版　　次 2017 年 10 月第 1 版 2017 年 10 月第 1 次印刷
定　　价 20.00 元

编写人员名单

主　编　王春梅　王晓力

副主编　朱新强　张　茜

参编人员（以姓氏笔画为序）

王春梅　王晓力　朱新强　李锦华

张　茜　陈季贵　段慧荣　崔光欣

前　言

青贮饲料的发展最初源于传统农业生产冬季少饲的缺点，特别是在北方，农作物多是一年一熟，因此秋冬季就会出现饲草料缺乏的现象，特别是鲜青饲草料。到了冬季，农民多数以干草饲喂，这种饲喂方式极大地降低了饲草的营养价值和适口性。通过青贮加工做成的青贮饲料青鲜、适口，解决了秋冬饲草匮乏的问题，因而被推广流传。

青贮饲料的研究，经历了从高水分青贮到低水分青贮，再到添加剂青贮的发展过程。所涉及的领域横跨饲料学、微生物学、生物化学、营养学和收割机械制造等多个学科。在青贮原料的适时收获、低水分青贮、青贮添加剂、青贮技术和二次发酵等方面均有较多研究。我国对青贮饲料的研究起步较晚，近几年在研究人员和生产人员的共同努力下也取得较大进展，市场上也有很多具有独立知识产权的青贮添加剂产品。

本书综合目前青贮发展诸多成果，从青贮饲料的发展历程、影响青贮品质的因素、青贮过程中营养物质的变化、青贮中挥发性有机物对环境的影响、常规青贮饲料应用实例和非常规饲料应用实例等几个方面对青贮饲料的研究进展进行问答式讲述，希望对当前的青贮饲料应用起到推进作用。

由于作者水平有限，书中难免存在疏漏。对书中不妥错误之处，恳请广大读者批评指正。

编　者

2017年7月

目 录

1 什么是青贮？

青贮是指在密封条件下，通过发酵使青绿饲料在相当长的时间内保持其质量相对不变的一种保鲜技术，是一种贮藏和调制饲料的有效方法。

2 什么是青贮饲料？

在饲料分类系统中属第三大类，是以青饲料为原料经青贮加工而制成的（图 1）。具体来说，常规青贮是将切碎的青饲料紧实地堆积在不透气的窖中或堆中，通过微生物（乳酸菌）的厌气发酵，使原料中的糖分变为有机酸（乳酸），即产生大量乳酸，使其 pH 值降到 4.0 以下时，杀灭或抑制其他有害杂菌的活动，从而达到完好保存并供长期饲用的目的。该饲料具有柔软多汁、芳香、营养丰富、适口性好、可刺激消化腺分泌作用、提高饲料消化率、调制方便、耐贮藏，有利于消灭作物害虫和田间杂草、扩大饲料资源等优点。

图 1　传统袋装青贮

3 青贮饲料从什么时候开始被人类利用的，其发展状况如何？

青贮技术起源于古埃及文化鼎盛时期，以后传至地中海沿岸。18 世纪末由北欧传到美国，并由此传入英国。我国从元代开始记载有苜蓿、马齿苋等青饲料的发酵方法，20 世纪 90 年代开始了大量玉米青贮方面的研究工作和推广。

第二次世界大战后，国外制作青贮料的机械化程度已大大提高，青贮机械配套成龙，从原料的收割、运输、铡短、装填、压实到封口，已全盘机械化，实行流水作业，工作效率很高，每天能青贮 10~250t。在青贮设施方面，苏联等国传统的青贮设施多采用坑道式的青贮壕，便于运输车辆和拖拉机进入道内工作。在美国、日本等国传统的青贮设施多用钢筋水泥建造的青贮塔。近几年来，国外最新式的青贮设施，认为是金属壳青贮塔和塑料袋青贮。这种金属壳青贮塔容量大，结构牢固，密封性能好，青贮质量更有保证。塑料袋可大可小，小的只装几千克原料，多作试验用；大的青贮袋长度达到 30m 左右的聚乙烯塑料袋，能装 150t 以上的青贮原料。在德国、英国及加拿大等国，多用“压缩打包青贮”，先把牧草割倒摊晾，然后用压缩打包机打成重约 50kg 的草捆，用双层无毒塑膜覆盖密封。

近年来，随着我国畜牧业发展对青饲料的需求增加，青贮饲料的应用越来越广，青贮设备和设施都得到了极大的提升，很多地区都开始推广饲草料的青贮技术，青贮窖、青贮壕、裹包青贮推广相对较多，而相应的青贮收获机械、裹包机等也从进口到自我研发生产进行转变。

4 哪些材料可以作为青贮饲料的原料？

青贮饲料的来源广泛，凡是无毒无害的绿色植物，如：草、灌木、半灌木、树枝落叶、农作物秸秆，都可以作为调制青贮饲料的原料。此外，非常规饲料中的工业副产品（甜菜渣、酒渣、茶渣）和农副产品（甘薯藤、萝卜叶、甜菜叶）也可以作为青贮饲料的原料。

5 青贮饲料的成本高吗？

因为青贮饲料原料一般容易得到，且都耐粗放管理，在生产过程中投入少，但产出较高，因此成本较低。

6 青贮饲料能保存多久？

青贮饲料调制成功后，不受气候和外在环境影响，只要在密闭的厌氧条件下就可长期保存，有的可以达到20年以上。

7 青贮饲料存放过程中营养损失大吗？

青贮饲料比直接晾晒的饲料更能有效地保存青绿植物的营养成分。一般青绿饲料在晒干后，营养损失30%左右，若在晾晒过程中遇到雨水淋湿或霉变则营养损失更大。青绿饲料如果能适时青贮，其营养成分一般损失在10%左右，还能较多地保持其中的蛋白质和维生素含量。例如，新鲜的红薯藤，每千克干物质含有胡萝卜素约 158mg，青贮 8 个月后，仍可保留 90mg 左右，但红薯藤晒干后胡萝卜素仅剩 2mg 左右。一般青贮条件下，青贮玉米秸秆比风干后的秸秆粗蛋白含量高 1 倍左右，粗脂肪含量高 4 倍左右，而粗纤维含量降低约 8%（表 1）。

表 1　玉米秸青贮与风干营养成分比较（占干物质 %）

玉米秸	粗蛋白	粗脂肪	粗纤维	无氮浸出物	粗灰分
干玉米秸	3.94	0.90	37.60	48.09	9.46
青贮玉米秸	8.19	4.60	30.13	47.30	9.74

8 青贮饲料的适口性如何？

饲草经过青贮以后，不仅养分损失少，其质地变得更加柔软多汁，具有一股酸香气味，能显著提高家畜的适口性，增进食欲。有些具有特殊气味或质地较硬的饲草，经过青贮发酵后异味消失、质地变软，家畜由不喜食变为喜食。青贮饲料对提高日粮内其他饲料的消化也有良好的促进作用。同类饲草制成的青贮饲料和干草相比，青贮饲料消化率提高（表 2）。

表 2　青贮与干草消化率比较　　单位：%

饲草料	干物质	粗蛋白	粗脂肪	粗纤维	无氮浸出物
青贮饲料	69	63	68	72	75
干草	65	62	53	65	71

9 青贮饲料主要在什么季节饲喂?

青贮饲料管理恰当，四季都可饲喂。在我国北方气候寒冷、生长期短，青绿饲料匮乏，在夏秋季节的青绿饲草通过青贮的方式贮存起来，可以解决北方冬春季节家畜饲草缺乏的问题（图 2）。

图 2　青贮料冬季补饲

10 青贮对防治农作物病害有帮助吗?

很多为害农作物的害虫，都寄生在收割后的秸秆上越冬，如果只是进行晾干，第二年这些害虫将继续危害农作物。如果将这些秸秆进行青贮，由于青贮条件下缺乏氧气，且酸度较高，就可将许多害虫的幼虫或虫卵杀死。还有许多杂草种子，经过青贮后丧失了发芽能力，因此青贮对减少杂草滋生也有帮助。

11 青贮饲料在哪个季节生产好?

与调制干草需要阳光充足、干燥的天气不一样，青贮饲料的生产不受季节限制，只要水分含量达到制作青贮饲料的要求，即可进行青贮。可以解决大量饲草和秸秆产出季节与雨季冲突的矛盾，有效减少干草调制晾晒时被雨水淋湿造成品质下降、营养损失、发霉等诸多问题。

12 青贮饲料需要什么设备？

调制青贮饲料不需要昂贵的设备和复杂的技术，在农户自己家就可以完成。没有专门的青贮设备，也可以用罐、缸、桶等小容器进行青贮。如果量多又没有合适的设备，只要挖个沟或者掘条沟，一块塑料布或者几个塑料袋，只要能达到密闭条件就可以（图 3）。

袋装青贮

裹包青贮

堆贮

沟贮

图 3　青贮方式

13 青贮怎么分类?

青贮有几种不同的分类方法。按照青贮方法，可以分为常规青贮和特殊青贮。特殊青贮又分为添加剂青贮和水泡青贮两类。按照青贮原料组成和营养特性可分为单一青贮、混合青贮和配合青贮。按照青贮原料的含水量高低又可分为高水分青贮、凋萎青贮和低水分青贮。按照青贮原料形状可划分为切短青贮和全株青贮。按照青贮容器可分为固定容器青贮和非固定容器青贮。按照发酵酸可分为乳酸青贮、乙酸青贮、酪酸青贮。

14 什么是常规青贮?

是目前广大农村地区使用的青贮方法，即在饲草收割以后，不进行特殊处理立即进行密封贮存的青贮方法。这种方式优点是简便、节省地方，不需要进行水分测定、晾晒等工作；缺点是青贮效果和品质不能保证最佳。

15 什么是添加剂青贮?

在青贮过程中添加一些物质，便于青贮饲料的保存或能改善青贮饲料品质，此类青贮被称作添加剂青贮。目前用于青贮的添加剂很多，国外的青贮饲料 65% 以上都使用了添加剂（图 4）。

图 4　青贮脱霉添加剂

16 什么是水泡青贮?

水泡青贮又叫清水发酵或酸贮，是一种短期保存青绿饲料的简易方法。操作过程是用干净的水浸泡原料，充分压实造成缺氧环境，以达到保存原料的目的。这种饲料略带酸味和酒味，质地较软，适口性好，但是因可溶性养分易溶于水中而流失，养分损失大，目前已较少采用。

17 什么是单一青贮?

单一青贮是指对于青贮原料本身已经符合青贮的基本条件而不需要额外添加其他物质进行青贮的方式，多适用于禾本科饲草或其他含糖量高的青绿饲料。

18 什么是混合青贮?

混合青贮是指由于原材料不符合青贮的基本条件，例如含水量偏高或者含糖量偏低，而需要添加其他原料进行混合以达到青贮的营养和水分要求后再进行青贮的方式。例如将含水量70%以上的青绿饲料与秸秆、饼粕类原料进行混合使含水量降低达到青贮水分的要求，或者将含糖量低的豆科牧草与禾本科牧草进行混合青贮，提高青贮原料的含糖量。在实际操作中，有的可以直接按一定比例将豆科和禾本科牧草混播后进行青贮。

19 什么是配合青贮？

在满足青贮基本条件下，按照养殖家畜对营养物质的不同要求，将多种青贮原料进行科学合理的搭配后再进行青贮，以达到不同种类或不同生长期的家畜需求（图5）。这种青贮饲料营养价值高，但制作工艺相对复杂，成本较高。

图5　多种草料配合青贮

20 什么是高水分青贮？

是指青贮原料未经干燥处理即进行青贮，一般含水量大于70%。其优点是原料不需要晾晒，减少了气候影响和田间损失，作业简单效率高；缺点是高水分对发酵过程有害，容易产生品质差和不稳定的青贮饲料，另外由于渗漏还会造成大量营养物质的流失。如果必须要高水分青贮，可通过添加剂促进乳酸菌发酵同时抑制不良菌的生长，从而达到较低的 pH 值。

21 什么是凋萎青贮？

在良好干燥条件下，经过 4~6 小时的晾晒或风干，使原料含水量达到 60%~70%，再经过切碎搅拌等进行密封青贮的过程。20 世纪 40 年代初期，在美国等国家广泛应用的一种青贮技术，至今仍然被广泛使用。凋萎青贮的晾晒过程中，虽然干物质、胡萝卜素等维生素的含量有所下降，但是水分降低后可以抑制不良微生物的繁殖，从而减少酪酸发酵引起的损失，同时也可降低青贮过程中的汁液损失，减少了运输工作量。适合凋萎的青贮原料可以不用添加剂即可达到良好的青贮效果。

22 什么是低水分青贮？

低水分青贮也叫半干青贮，主要应用于牧草特别是豆科牧草中，通过水分的降低，抑制不良微生物的繁殖和酪酸发酵，从而保证青贮的品质。低水分青贮可以通过晾晒或者混合含水量低的其他原料来达到低水分的条件。低水分青贮料制作过程：青绿饲料刈割后在地里晾晒 1~2 天，使原料含水量降低到 40%~50%，然后进行切碎后密封青贮。其原理是：在低含水量条件下，腐败菌、酪酸菌以及乳酸菌的生命活动接近于生理干燥状态，生长繁殖受到限制，微生物发酵微弱，有机酸形成少，碳水化合物保存良好，蛋白质不容易被分解；霉菌在青贮厌氧条件下活动也被抑制，总体能达到较好的保存状态。几种水分的青贮方式见表 3。

表 3　原料含水量与青贮

青贮种类	原料含水量	青贮原理	青贮过程中存在的问题
高水分青贮	70% 以上	依赖乳酸发酵	如果原料中含糖量少，容易引起酪酸发酵；因排汁而引起的养分损失大
凋萎青贮	60%~70%	依赖乳酸发酵	高水分青贮中存在的问题有所缓解，但受天气影响
低水分青贮	45%~60%	通过降低水分，抑制酪酸发酵	需要密封性强的青贮容器；受气候影响；晒干过程中养分损失稍大

23 什么是切短青贮？

将青贮原料切成小段，长度一般为 1~2cm，在青贮时也能被充分压实，形成密闭高度缺氧的环境。切短青贮有利于青贮的成功和提高青贮饲料的品质，因此是目前较多采用的一种青贮方式。

24 什么是全株青贮？

将收割后的青贮原料不经切割直接进行青贮的方法。全株青贮多用于劳动力紧张，青贮机械不足和收割季节短暂等情况下采用。这种青贮方法不利于青贮原料的充分压实，青贮品质难以保证，但可以通过添加菌剂和增加紧实度等方法来提高青贮品质。

25 什么是固定容器青贮？

是指利用青贮窖、青贮壕、青贮塔等固定的建筑物进行青贮的方式，其特点是青贮量大、质量好、青贮容易成功，适用于大型养殖场；也存在投资大、占地多和难以移动等缺点。

26 什么是非固定容器青贮？

通过塑料袋、拉伸膜裹包、青贮罐、堆放等非固定容器进行青贮的方法。其特点是占地少，取用、移动方便，适合小型家庭式青贮和商业模式的青贮。

27 常规青贮的原理是什么？

常规青贮是最常见的一种青贮方法，要求原料含水量达到60%~75%。在青贮原料上，常常会附着大量的微生物，这些微生物有些是对青贮发酵有利的，而有些是不利的。对青贮有利的微生物主要是乳酸菌，这种微生物的生长繁殖要有湿润、厌氧的环境，并要有一定数量的糖类物质；对青贮不利的有腐生菌等多种微生物，它们大部分是耗氧和不耐酸的菌类。青贮就是利用微生物这一特点而进行的：青贮原料装入青贮窖器的最初几天，乳酸菌的数量很少，远比不上腐生菌的数量多；但几天后，当氧气耗尽，青贮容器内一旦形成厌氧环境，乳酸菌的数量会逐渐增加，并变为优势菌群，青贮发酵就开始了；由于乳酸菌能将原料中的糖类变为乳酸，所以乳酸浓度不断增加，达到一定量时即可抑制其他微生物活动，特别是腐生菌在酸性环境下很快死亡，而乳酸菌也会随着青贮饲料 pH 值的不断降低而停止活动；当乳酸积累到青贮饲料湿重的 1.5%~2.0%，pH 值为 4.0~4.2 时，青贮料在厌氧和酸性环境下成熟，青贮发酵过程结束。此时，青贮就处于稳定阶段，只要不开窖，保持厌氧状态，青贮饲料品质可保持数年不变。

青贮的质量和发酵产物由青贮原料的特性和其中起支配作用的微生物决定。在青贮发酵过程中，由于特定的厌氧性微生物的作用，主要产生了 3 种酸：乳酸、醋酸（乙酸）、酪酸（丁酸）。这 3 种酸是糖分在不同的微生物作用下分别产生的，虽然醋酸和酪酸在发酵过程中也起一些作用，但有很强烈的刺激性气味，应该尽量减少这两种酸的生成。好的青贮在乳酸菌的作用下产生乳酸和乙酸，青贮饲料有浓郁醇香气味；乳酸产生得越多，pH 值也越低，其他杂菌就越少。

28 半干青贮的原理是什么？

半干青贮又叫低水分青贮，是在常规青贮的基础上发展起来的一种青贮新技术，原理是将青贮原料含水量降低到 40%~50% 再进行青贮，这种低水分对腐生菌、丁酸菌和乳酸菌的生长都造成一种生理干燥状态，使其生长受到抑制，整个青贮过程中的微生物发酵减弱，蛋白质不易被分解，有机酸形成少，但是需要保持严格的厌氧环境。

由于半干青贮是微生物处在干燥状态、生长繁殖受限的条件下进行的，因此青贮原料中糖分含量高低、乳酸形成多少以及酸碱度对半干青贮都不是必要条件了，从而扩大了青贮原料的范围，常规青贮中不能进行的一些豆科牧草也可以顺利进行半干青贮。

29 添加剂青贮的原理是什么？

添加剂青贮主要原理是借助外界添加辅助材料对青贮发酵过程进行控制，有效减少发酵过程中由于有害微生物的活动而造成的养分损失，从而获得优质的青贮饲料。添加剂主要通过三方面来影响发酵：一是促进乳酸发酵，如添加各种可溶性糖、接种乳酸菌、酶抑制剂等，可以迅速产生大量乳酸，使 pH 值很快降低到 4.2 以下；二是通过抑制剂减少不良发酵，防止腐生菌等不利于青贮的微生物的生长；三是可以通过添加尿素、氨化物等提高青贮饲料营养物质的含量。添加剂青贮的这种特点可以将常规青贮难以进行的原料进行利用，从而扩大了青贮原料的范围。

30 如何选择搭配青贮原料？影响青贮饲料品质的因素有哪些？

青贮原料的选择与搭配至关重要，首先是无毒无害的植物类原料与副产品：凡是无毒无害的青绿植物，如牧草、饲用作物、作物秸秆，农副产品如甜菜叶、萝卜叶等，工业副产品（如甜菜渣、酒糟、果渣等）等都可作为青贮的原料，其中以含糖类物质较多的原料为好。其次是豆科类植物与禾本科类植物：豆科作物和豆科牧草不宜混合青贮，因为它们的蛋白质含量较高并易变质发臭。为提高青贮饲料的品质，可将豆科饲草与禾本科饲草混合青贮，其比例为 1∶3 为宜。青贮可以进行单贮，如玉米青贮，也可以进行混贮，两种原料或两种以上的原料混在一起青贮。一般是将含糖量多的原料与含糖少的原料混贮，含水量高的如块根块茎原料与含水量少的如干秸秆、麦麸、草粉等分层混贮，以防止因水分过多而引起变质或营养流失（图6）。

图6　青贮原料的搭配实验

原料水分含量高低、糖分的多少、原料的缓冲能力大小、厌氧条件是否达到要求、发酵温度高低、原材料的大小、装填方式和速度、添加剂成分、气象因素等都能影响发酵的品质。此外，饲草种类、栽培管理措施、收获时间、调制技术等也能影响青贮品质。

31 原料水分含量是怎样影响青贮饲料品质的？

原料水分含量高低是影响青贮品质的关键因素之一。适宜的水分含量是保证青贮过程中乳酸菌正常活动的安全条件之一，水分过多或过少都会影响发酵过程和青贮饲料的品质。水分过多，会造成原料中糖分和汁液的过度稀释，不能抑制腐生菌和丁酸菌的生长繁殖，导致青贮料腐烂，产生大量的渗出液，引起养分损失。水分过低，青贮原料过干，难以踩实压紧，空气残留较多，造成好氧菌大量繁殖，饲料发霉腐烂，也影响了乳酸菌的生长。

一般青贮料的水分含量在65%~75%为宜，同时也受材料种类和质地的影响而有所差异。一般情况下，质地粗硬的原料含水量可以高达78%~82%，而收割早、幼嫩、柔软的原料含水量以60%左右为好。豆科牧草的含水量以60%~70%为宜，禾本科牧草的含水量可以高达72%~82%。同时，青贮含水量的高低也影响采食，当水分含量从80%降低到65%时，奶牛的干物质日采食量能提高约30%。

32 原料糖分含量是怎样影响青贮饲料发酵品质的？

适宜的含糖量是乳酸菌发酵的营养物质基础，含糖量的多少直接影响到青贮效果的好坏。含糖量越高，乳酸菌繁殖越快，产生的乳酸菌越多，有害微生物被有效抑制；反之如果青贮原料含糖量越少，乳酸菌发酵慢，有害微生物快速生长，原料容易发霉变质。一般情况，要求青贮原料的含糖量不应低于1.0%~1.5%。玉米、高粱、禾本科牧草含糖量较高，易于青贮；苜蓿、三叶草等豆科饲草蛋白含量较高而糖分含量较低，青贮时应当通过添加糖类物质或者与禾本科牧草混贮来达到提高含糖量的目的。

33 原料的缓冲能力是什么，如何影响青贮品质？

青贮原料的缓冲能力，也就是饲草青贮后对pH值改变缓冲能力的大小，是影响青贮品质的主要因素之一。青贮时，缓冲能力越高，pH 值下降越慢，青贮发酵也越慢，营养物质的损失越多，品质越差。相反，缓冲能力越小，青贮品质越好。一般认为，青贮原料的缓冲能力主要依赖于有机酸及盐分含量的高低，其中蛋白质对缓冲能力贡献的大小占 10%~20%。不同饲草或原料，变化缓冲能力随生育期的变化而变化，不同品种间也有差异。如豆科牧草、多年生黑麦草、鸭茅等牧草的缓冲能力较玉米、高粱等饲草高。苜蓿是豆科牧草的代表植物，其可溶性碳水化合物含量低，蛋白质含量高，缓冲能力高，在青贮发酵过程中不易形成较低的 pH 环境。这样对蛋白质有较强分解作用的梭菌将氨基酸通过脱氨或脱羧作用形成氨，对糖类有强分解作用的梭菌降解乳酸作用生成具有腐臭味的丁酸、CO_2 和 H_2O。因此，具有适宜水平的可溶性碳水化合物含量，也是具有较高缓冲能力、确保青贮发酵品质、获得优质青贮的前提条件。因此，缓冲能力较高的饲草在制作青贮时，可添加一些富含糖类的物质，如糖蜜，或与含糖量相对较高的饲草进行混合青贮：如豆科牧草可与禾本科牧草或青贮玉米等进行混合青贮，从而提高含糖量。

34 影响牧草缓冲能力的主要因素有哪些？

影响牧草缓冲能力的主要因素主要包括饲草种类、有机酸与蛋白质、生长期、氮肥。饲草的缓冲能力因其种类不同而有差异，一般豆科饲草的缓冲能力比禾本科饲草高。由于禾本科饲草含有柠檬酸和苹果酸等有机酸，青贮期间一经发酵可生成乳酸、乙酸、甲酸和乙醇等；而豆科饲草粗蛋白含量高于禾本科饲草，因此，豆科饲草的缓冲能力高于禾本科牧草，如紫花苜蓿和三叶草的缓冲能值为 500~600mg 当量 /kg，黑麦草的缓冲能值为 250~400mg 当量 /kg，而玉米缓冲能力较低。在 pH 值 4~6 的范围内，青贮饲料缓冲能的

70%~80% 靠有机酸盐、磷酸盐、硫酸盐、硝酸盐和氯化物维持，植物蛋白质的缓冲作用占 10%~20%。随着饲草成熟期的延长，缓冲能力下降。此外，施用氮肥也可以提高缓冲能力。

35 厌氧环境对青贮饲料品质有什么影响？如何进行有效密封？

青贮时窖内的氧气含量是保证青贮能否成功的关键因素。当装填不严时，窖内空气过多，氧化作用强烈，微生物产生的热量过多，不利于乳酸菌的繁殖，而腐败菌、霉菌等好氧性微生物的活动加强，营养成分损失增强，引起青贮饲料变质。原料的切碎长度影响青贮的镇压效果，对填装在窖内的原料要及时压紧压实（每立方米为 550~600kg）。密封越严越好，使其不漏气、不漏水，并尽量缩短填装原料的时间。切碎长度因原料的种类不同有所不同，一般青贮原料的切碎长度控制在 1~2cm 为宜，同时在填装时要做好镇压和封窖时的覆盖压实工作，以迅速营造一个持久的厌氧环境，从而减少营养物质损失，提高青贮品质。

青贮窖器不同，其密封方法也有差异。密封和覆盖的方法，可采用先盖一层细软的青草，草上再盖一层塑料薄膜或铺上 20cm 厚的麦秸或稻草等柔软垫层覆盖，封严窖口和四周，然后再用 30cm 以上湿土覆盖、拍实，层层踩实压紧，以防漏气。顶部做成馒头状或屋脊形，并把表面拍光滑，以利于排水，同时修好周边的排水沟，以防雨水渗入。封窖后 3~5 天内，每天检查盖土的状况，发现下沉或覆土出现裂缝时，应立即用湿土压实封严。

36 发酵温度对青贮饲料品质有什么影响?

青贮原料装入青贮窖内或其他容器后植株细胞仍在进行有氧呼吸，将碳水化合物氧化，生成二氧化碳和水，同时放出热能，随着时间的推移，窖内温度不断上升。青贮窖的密闭性越差，窖内微生物氧化作用就越强烈，窖内的温度就越高，对青贮的影响就越明显。研究表明，当青贮窖内的温度达到40~45℃时，养分损失率达到20%~40%。同时温度过高，会延长青贮发酵完成的时间：35℃以下时，发酵时间为10~13天；35~45℃时，发酵时间为13~20天；45℃以上为17~22天。此外，青贮料的发酵品质优劣和饲用价值高低，决定于青贮饲料的厌氧发酵是乳酸发酵还是丁酸发酵。因为乳酸发酵的适宜温度为19~37℃，而丁酸发酵适宜温度更高。因此，温度过高，会产生更多的丁酸发酵，而影响青贮品质，所以必须掌握好窖内温度，一般以20~30℃为宜，最高不超过37℃；同时控制好封窖时的基础窖温，不能超过38℃，尽量缩短入窖时间，充分将原料压紧压实，做好密封工作，尽量降低封窖时的基础窖温，以营造一个有利于乳酸菌发酵的优良厌氧环境。

37 切短或粉碎对青贮质量好坏有什么作用?

切短植物茎秆后，一部分原汁渗出（这种渗出液是含糖量高的植物细胞汁液），能使糖分均匀分布于青贮原料中，这是优质发酵的重要条件。另外切短后易于装填压实与排尽空气，而且家畜容易采食。细茎植物如禾本科牧草、豆科牧草、甘薯藤等，切成 1.5cm 长即可；对粗茎植物，如玉米、高粱等则应切短到 1.0cm 左右。

38 装填和压实的速度对青贮饲料品质有什么影响？注意事项有哪些？

新鲜青贮原料在青贮窖内被密封后的一段时间内，植物细胞、酵母菌、霉菌、腐败菌和醋酸菌等微生物都在进行生长繁殖，如果此时窖内氧气过多，植物呼吸时间过长，好氧性微生物活动旺盛，会使窖内温度明显升高，有时会达到 60℃左右，这样会导致原料发黄、过热焦变或腐烂损失等变化，影响青贮质量。因此，在青贮时，要快速装填、缩短青贮过程中需氧发酵时间，以减少养分损失和降低青贮饲料堆内温度，从而提高青贮饲料质量。

在装填时，青贮窖内要有人将装好的原料摊平混匀，要经常检查墙边和四角装料是否充实，拖拉机压不到的墙边和四角，要进行人工压实或踏实，靠近墙壁和四角的地方不能留有空隙。装满窖后，再继续填到原料高出窖沿 1m 左右后封窖。对于一天装填不完的大型青贮窖应分段装填，先装填完一段再装填另一段，每段的接口处应做成斜坡面，每天完工后应将装填好的青贮料用塑料布盖好，要尽量减少切碎原料或窖内原料在空气中的暴露时间。装填速度要快，每窖的装填时间不能太长，一般小型窖当天完成，大型窖装填时间不要超过 3 天。

切碎和装填、压实是一个连续过程，应做到随切碎、随装填、随压实。原料一定要切碎均匀，不要长短不一，切碎的原料要尽量避免暴晒；装填的速度既要快，又要安全，原料一定要装填均匀并压实，压得越实越好。小型窖可人力踩踏，要踩踏均匀不要有漏踩的地方，大型窖青贮则用履带式拖拉机压实。用拖拉机压实时，要注意不要带进泥土、油垢、金属等污染物，入窖前对拖拉机的 4 个轮要进行清洗，以避免带进泥土等脏物。压不到的边角可人力踩压。在地面青贮堆或青贮壕中，可以用拖拉机在装填的原料上压实，装填青贮原料时，应逐层填装，小型窖可用人工踩压，一般人工踩压厚度每层 15cm 左右，机械压实厚度每层一般不超过 30cm，压实后再继续装填。

39 青贮添加剂的种类以及对青贮饲料品质有什么影响?

在青贮饲料调制过程中，原料中的水分含量往往是不易控制的因素之一。对于水分过高的原料除采取适当的晾晒预干措施或添加玉米面、糠麸等具有一定吸水功能的物料达到调节水分的目的外，还可以直接加入青贮添加剂。根据青贮添加剂的作用不同可分为三类（图 7）。

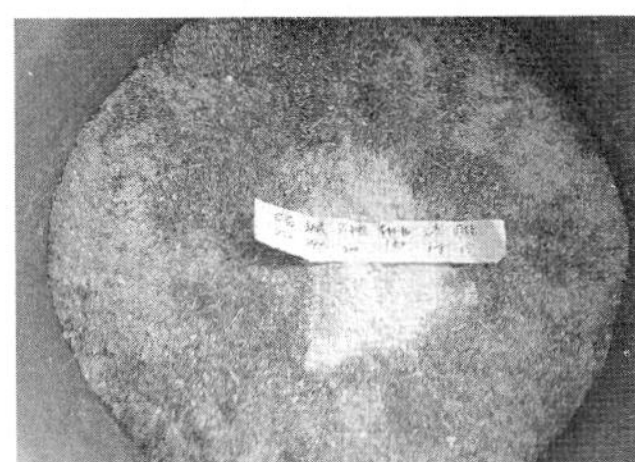

图 7　常用添加剂和菌液

（1）发酵促进剂　主要是促进乳酸菌的活动，产生更多的乳酸，使青贮料的 pH 值迅速下降。这类添加剂主要包括乳酸菌类、含碳水化合物丰富的物质和细胞壁降解酶等，如各种菌类制剂（主要是乳酸菌）、糖蜜或淀粉和酶制剂（如纤维素酶、半纤维素酶）。

（2）发酵抑制剂　也叫保护剂，主要是通过添加有害微生物的产物来抑制有害微生物的发酵活动，防止原料霉变和腐烂，减少发酵过程中营养物质的损失，促进青贮料的 pH 值迅速下降，以获得品质优良的青贮饲料。常用的添加剂主要包括甲酸、甲醛、亚硫酸钠等。

（3）营养添加剂　这类添加剂能明显改善青贮饲料的营养价值，提高青贮饲料的适口性，如蛋白质、矿物质等，其中较常用的是非蛋白氮类物质（如尿素）。

40 外界环境因素对青贮饲料品质有什么影响？

除了人为可控因素，许多外界环境因素还对青贮品质有着重要影响，主要包括以下几个方面。

（1）降雨　青饲料刈割以及晾晒过程中遇到降雨不仅给作业带来不便，而且还会因为阴雨天延长晾晒的时间，增加由于呼吸作用消耗营养物质以及由于雨淋造成的可溶性营养物质的流失，降低饲料的营养价值。降雨还会增加原料的水分含量，而高水分对发酵过程有害，容易产生品质差和不稳定的青贮饲料；由于高水分引起的渗液，还会造成营养物质的流失。另外，如果雨水进入青贮窖内，一方面会冲淡青贮饲料的酸香味，降低适口性；另一方面严重时，则可引起青贮饲料的腐烂变质，而不能利用。因此，青贮窖在进行最后的封盖时，要考虑到窖盖顶的防雨问题。

（2）强风　强风会导致牧草以及饲料作物倒伏，倒伏不仅不利于收割作业，同时，倒伏后的牧草及饲料作物上会粘上泥土，而泥土中会含有一些有害的微生物，这样不仅影响到青贮本身的发酵，降低饲料价值，有时还会造成卫生安全方面的隐患。

（3）霜冻　霜冻会直接影响到玉米等饲料作物的成熟，降低籽实中的淀粉、糖和蛋白质含量，影响家畜的适口性。同时，遇到霜冻后的玉米水分含量降低，特别是霜冻后玉米叶子变得很干，青贮时不易压紧压实，容易导致腐生菌的繁殖从而影响青贮质量。另外，霜冻后的干玉米叶片上有时会附有大量的霉菌，调制青贮时会影响发酵质量，降低饲料价值。研究发现，随着降霜的次数增加，蛋白质的消化率明显降低，同时，青贮的产酸量少，不利于 pH 值的降低，从而影响青贮的发酵品质。因此，为了获得良好的青贮原料，玉米等应尽量减少被霜打的次数。

（4）环境温度　温度的高低直接影响着乳酸菌的生长与繁殖，因此温度是调制青贮饲料过程中应当随时注意的一个重要指标。青贮料的发酵品质优劣和饲料价值高低，决定于青贮饲料的厌氧发酵是乳酸发酵还是丁酸发酵。乳酸发酵的适宜温度为 19~37℃，而丁酸发酵则要求较高的温度。因此青贮过程中最适宜的温度是 20℃，最高不要超过 37℃。封窖时的气温以凉爽为宜，以营造一个有利于乳酸菌发酵的环境。青贮料的饲喂时间以气温较低的季节较为适宜，尤其是青贮质量中等和下等的青贮饲料，要在气温 20℃以下时饲喂。因为气温高的时期，青贮料容易发生二次变败或干硬变质，造成损失；而在特别寒冷的季节，青贮料又容易结冰。

41 影响青贮发酵品质的其他因素有哪些?

除上述因素外，青贮饲料的品质还受饲草种类、栽培管理措施、收获时间及调制技术等的影响。因此，青贮原料的栽培生产到加工调制及青贮后的管理，都要十分注意，扬长避短才能获得优良品质的青贮饲料。

42 青贮设施的种类有哪些?

青贮设施根据其与地平线的位置布局，可分为以下几种。

（1）地下式青贮设施　目前我国农村牧区常见的是地下式青贮窖或青贮壕（图 8）。青贮窖和青贮壕位于地下，其深度根据地下水位的高低来决定，一般以不超过 3m 为宜。深的青贮设施容积大，有利于原料的压实，能提高青贮饲料的品质和降低损耗率，但取用下层的青贮料比较费力；过浅的青贮设施容积小，不利于原料借助自身的重力压实，容易发生霉变。地下青贮设施适用于地下水位低和土质坚实的地区，窖或壕的底面与地下水最少要保持 0.5m 左右的距离，以免底部出水。修建地下青贮设施时一般不用建筑材料，多由挖掘成的土窖或壕构成，宜在制作青贮料前 1~2 天挖好，经过晾晒，可以减少水分含量，增加窖或壕壁的坚硬度，但也不宜暴晒过久，以免其壁干裂。装填青贮原料时，在挖好的窖或壕内在底部和窖壁铺上塑料布，以增加窖的密封性。

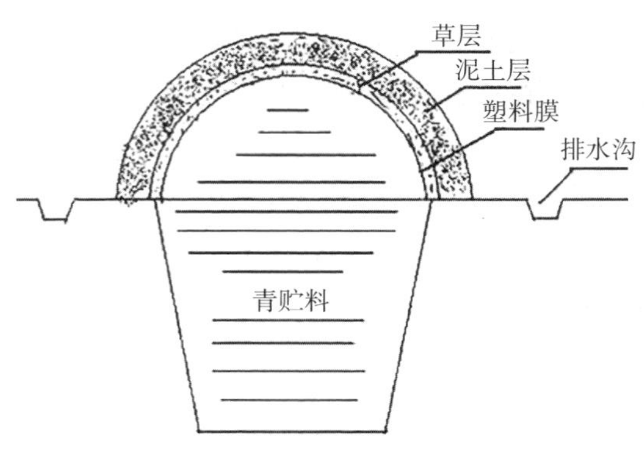

图 8　地下式青贮窖剖面

（2）半地下式青贮设施　青贮窖和壕等的一部分位于地下，一部分位于地上（图9）。在较浅的地下式的基础上，利用挖出的湿黏土或土坯、砖、石等材料向上垒砌1.0~1.7m高的壁，即可建成。在砌成的壁上，所有的孔隙都应用灰泥严密抹封，外面要用土培好。用黏土堆砌的窖和壕壁厚度，一般不应小于0.7m，以免透气。这种临时性的半地下式设施，比较省工、经济。如制成永久性设施，可在壁的表面抹水泥，其青贮效果无异于钢筋混凝土的设施，投资较少，建造容易，可以广泛采用。

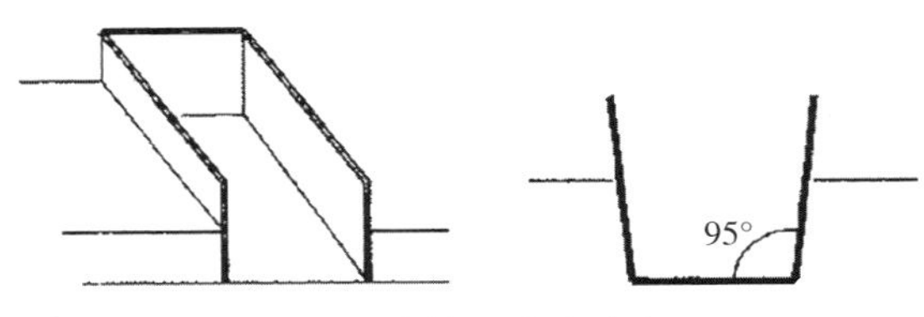

图9　半地下式青贮窖

（3）地上式青贮设施　如青贮塔、青贮池（图10），一般适于在地势低洼、地下水位较高的地区。塔的高度应根据设施的条件而定，在有自动装料的青贮切碎机的条件下，可以建造成高达7~10m甚至更高的青贮塔。为了便于装填原料和取用青贮料，青贮塔应建在距离畜舍较近之处，朝着畜舍的方向，从塔壁由下到上每隔1.0~1.5m留一窗口。塔壁必须坚固不透气，以免装入青贮料后崩裂。在使用砖、石、水泥等材料建造时，应尽量使其坚固，必要时可用钢筋加固；在用三合土和黏黄土堆砌时，塔壁的厚度不少于0.7m；钢铁密闭青贮塔具有坚固耐用，隔水、隔气的优点，但造价高昂，金属导热能力强，青贮料易受外界气温的影响，可根据所在地区和有关条件，酌情采用。目前多

图10　地上式青贮窖

用三面砌墙，一面开口的青贮池。

此外，还可以根据形状分为青贮窖（长方形、圆筒形）和青贮塔，以及长方形的青贮壕等。

43 青贮饲料制作工艺流程是什么？青贮设施的基本要求是什么？

青贮饲料的制作有以下步骤：收割—切碎—装填—密封。通常在青贮饲料开始制作后，收割、切碎和装窖要连续进行，直到所有青贮的原料收割装填完毕。正确制作的青贮饲料可以长期储存而不变质，所以说正确的制作方法是获得优质青贮饲料的基础。

青贮设施主要有青贮窖、青贮壕、青贮塔、青贮袋、拉伸膜裹包青贮及地面青贮设施等。对这些设施的基本要求如下。

（1）地势平坦　地面要选择在地势平坦、相对较高、地下水位较低的干燥处，距牲畜圈舍要近，要远离污染源（如粪坑、垃圾堆等）。

（2）不透气不透水　填装青贮饲料的设施要求不透气不透水，不论用什么材料建造青贮设施，必须做到严密不透气。可用石灰、水泥等防水材料填充和抹住青贮窖、壕壁上出现的缝隙，如能在壁内表衬一层塑料薄膜更好。另外，青贮设施不要靠近水塘、粪池，以防止污水渗入。地下或半地下青贮设施的底面，必须高于地下水位，同时，要在青贮设施的周围挖好排水沟，以防地面水流入。

（3）墙壁垂直　青贮设施的墙壁要垂直光滑，不要凸凹不平，有凸凹则饲料下沉后易出现空隙，使饲料发霉，并且会影响压实的效果。方形窖池墙壁内角要圆滑，这样会有利于青贮料的下沉和压实。下宽上窄或上宽下窄都会阻碍青贮料的下沉或形成缝隙，造成青贮料大量霉败。

（4）规格合理　青贮设施的规格要合理，保证适当的深度，青贮设施的宽度或直径一般应小于深度，宽深比为 1.0∶1.5 或 1.0∶2.0，以利于借助青贮料本身重力而压得紧实，确保青贮质量。

（5）防冻　北方寒冷地区的青贮设施最好能防冻，地上式的青贮设施，必须能很好地防止青贮料冻结。

44 不同形状的青贮窖有什么特点？

按照窖的形状可分为圆形和长方形两种。在地势低洼、地下水位较高的地方，建造地下式窖易积水，可建造半地下、半地上式。圆形窖占地面积小，而长方形窖占地面积较大。圆筒形的容积取料比同等尺寸的长方形窖大，装填原料多。但圆形窖开窖喂用时，须将窖顶泥土全部揭开，窖口大不易管理；取料时需一层一层取用，若用量少，冬季表层易结冻，夏季易霉变。长方形较适于小规模饲养户采用，从一端开窖启用，先挖开 1.0~1.5m 长，从上向下，一层层取用，一段饲料喂完后，再开一段，便于管理。不论圆形窖或长方形窖都应用砖、石、水泥建造，窖壁用水泥挂面，以减少青贮饲料水分被窖壁吸收。窖底用砖铺地面，不抹水泥，以便使多余水分渗漏。如果暂时没有条件建造砖、石结构的永久窖，使用土窖青贮时，四周要铺垫塑料薄膜。第二年再使用时，要清除上年残留的饲料及泥土，铲去窖壁旧土层以防杂菌污染。

45 如何计算青贮需要量、种植面积、窖容积等？

圆形窖贮藏量（kg）=（半径）^{2} × 圆周率 × 高度 × 青贮饲料单位体积重量

长方形壕贮藏量（kg）= 长度 × 宽度 × 高度 × 青贮饲料单

位体积重量

举例如下。

① 某农户家住 1 年两熟地区，拟饲养奶山羊 3~5 只，每天都喂青贮饲料，再加喂精料和野干草。问全年喂青贮饲料多少千克？需地几亩？修建何种形式的青贮设施及其大小？

按每只羊每天喂给 2.5kg 计算：

全年青贮饲料需要量 =（3~5）× 2.5 × 365=3 000~5 000（kg）

按每亩（1 亩≈ 667m^2）地可收割青贮玉米秸 1 000kg 计算：

需地面积 =（3 000~5 000）/1 000=3~5（亩）

青贮窖直径按 2m、深 3m 大小计算：

青贮窖容积 =（半径）^{2} × 深度 × 圆周 =12 × 3 × 3.14=9.42（m^3）

圆形窖贮藏量 =9.42 × 550=5 181（kg）（本书统一使用 550kg/m^3）

② 某户住 1 年两熟灌溉地区，饲养 3 头黑白花奶牛，已妊娠数月。问该户适合种植何种饲料作物做青贮料？应种几亩？

第一，估计养牛头数：因已养 3 头妊娠牛，那么在 1~2 年内，养牛头数最少应考虑为 6~9 头。

第二，青贮饲料供应天数：养奶牛户的青饲料供应是一个重要问题，最稳妥的办法是种植青饲玉米，调制玉米全株青贮饲料，混种黑豆，可提高玉米青贮饲料的可消化蛋白质和代谢能总量，并能节省精料。黑白花奶牛的产奶量高，要求能够高产稳产，饲料变化应小些，所以全年喂青贮饲料比较合适。

第三，青贮玉米与黑豆的混种面积：一般情况下，在 1 年两熟的灌溉区，单种青贮玉米，每亩可产茎叶 3 000~3 500kg；玉米与黑豆混种，每亩可产 3 500~4 500kg。以 4 000kg 计，每头牛每天平均喂饲 20kg 青贮饲料。则：

青贮饲料全年需要量 =（6~9）× 20 × 365=43 800~75 700（kg）

玉米与黑豆混种面积 =（43 800~75 700）÷ 4 000=11~19（亩）

第四，青贮壕的容积 =（43 800~75 700）÷ 500=80~140（m^3）

青贮壕的大小为 2m 宽、3m 深、13.3~23.3m 长。

46 什么是地面青贮堆？其特点是什么？

大型和特大型饲养场，为便于机械化装填和取用饲料，采用地面青贮方法。一般有两种形式：一是在宽敞的水泥地面上，用砖、石、水泥砌成长方形三面墙壁，一端开口；宽 8~10m，高 7~12m，长 40~50m；也可用硬质厚（2~3cm）塑料板作墙壁，可以组装拆卸，多次使用。二是将青贮原料按照能操作程序堆积于地面，压实后，用塑料薄膜封严垛顶及四周。堆贮应选择地势较高且平坦的地块，先铺一层旧塑料薄膜，再铺一块稍大于堆底面积的塑料薄膜，然后堆放青贮原料，逐层压紧，垛顶和四周用完整的塑料薄膜覆盖，四周与垛底的塑料薄膜重叠封闭，再用真空泵抽出堆内空气使成厌氧状态。塑料外面用草帘或者土覆盖保护（图 11）。

图 11　堆贮

47 什么是青贮塔？其特点是什么？

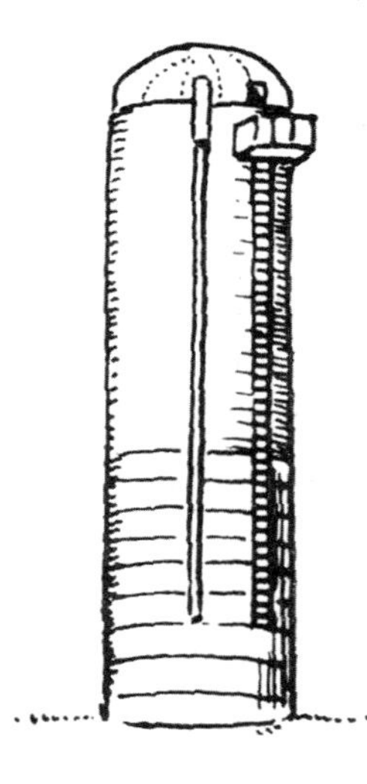

图 12　青贮塔

青贮塔适用于机械化水平较高、饲养规模较大、经济条件较好的饲养场。是有专业技术设计和施工的砖、石、水泥结构的永久性建筑（图 12）。塔直径 4~6m，高 3~15m，塔顶有防雨设备。塔身一侧每隔 2~3m 留一个 60cm×60cm 的窗口，装料时关闭，用完后开启。原料由机械输入塔顶落下，塔内有专人踩实。饲料是由塔底层取料口取出。青贮塔封闭严实，原料下沉紧密，发酵充分，青贮质量较高。一些发达国家用钢制厌氧青贮塔调制半干青贮饲料。

48 什么是青贮塑料袋？其特点是什么？

近年来，随着塑料工业的发展，国内外一些小型饲养场，采用质量较好的塑料薄膜制成袋，装填青贮饲料，袋口扎紧，堆放在畜舍内，使用很方便。袋宽 50cm，长 80~120cm，每袋装 40~50kg。除了使用扎口式的塑料袋青贮，小型裹包青贮技术是国外使用较多的一种青贮方式，它是将收割好的新鲜牧草揉碎后，用打捆机高密度压实打捆，然后用裹包机把打好的草捆用青贮塑料拉伸膜裹包起来，创造一个最佳的密封、厌氧发酵环境。经过 3~6 个星期，最终完成乳酸型自然发酵的生物化学过程。另外，还有一种袋式罐装青贮技术，特别适合于牧草的大批量青贮，该技术是将饲草切碎后，采用袋式罐装机械将饲草高密度地装入由塑料拉伸膜制成的专用青贮袋，在厌氧条件下实现青贮（与拉伸膜裹包青贮不同，罐装青贮像灌香肠一样填装，而拉伸膜青贮技术是用打捆机打成捆后用裹包机裹包）。此技术可青贮含水率高达 60%~65% 的饲草，一只 33m 长的青贮袋可装近 100t 饲草，罐装机作业速度可高达每小时 60~90t（图 13，图 14）。

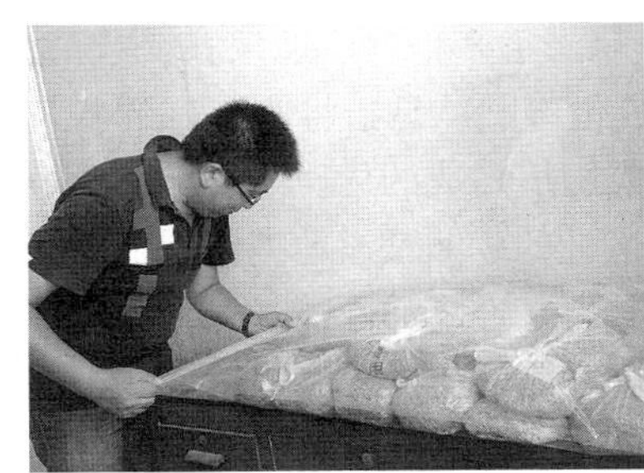

图 13　真空式青贮袋

图 14　小型青贮袋青贮

49 什么是拉伸膜裹包青贮？其特点是什么？

目前，世界上畜牧业发达的国家流行的一种贮料打捆后用拉伸膜裹包的青贮技术，该项先进的设备和新技术已开始在我国饲草生产加工上应用。自 1995 年以来这项先进的草料青贮技术，已先后在内蒙古、河南、青海、安徽、广东、北京、上海等省市（自治区）试验和使用。分别用于青贮牧草、玉米秸秆、地瓜藤、芦苇、甘蔗叶、苜蓿、稻草等。“拉伸膜裹包青贮”是指将收割好的新鲜牧草经打捆裹包密封保存并在厌氧发酵后形成的优质草料。这套系统采用青贮专用塑料拉伸膜将重达半吨的草捆紧紧地裹包起来。青贮专用塑料拉伸膜是一种很薄的、具有黏性和弹性的、专为裹包草捆研制的塑料拉伸回缩膜，将它放在特制的机器上裹包草捆时，这种拉伸膜会回缩，紧紧地裹包在草捆上，从而能够防止外界空气和水分进入。草捆裹包好后，形成厌氧状态，草料自行发酵产生乳酸，乳酸达到一定量时，可杀灭致使草料腐败的细菌，从而可以防止草料的腐烂变质。这样不仅可以保持新鲜草料的营养成分，同时可以减少蛋白质损失，降低粗纤维，促使消化率明显提高，而且适

图 15　拉伸膜裹包机械及运输

口性好，并可以在野外不同气候条件下长期保存 1~2 年。用此法制成草捆青贮，可以供家畜冬春季节食用，尤其是牧区牛羊过冬、抗灾保畜的优质理想饲料（图 15）。

50 对青贮设施的容量和大小有什么要求？

青贮设施的容量大小与青贮原料的种类、水分含量、切碎压实程度以及青贮设施种类不同等有关。常见数据如表 4 所示。

表 4　每立方青贮料重量（玉柱 2003）　单位：kg

青贮原料	青贮壕（拖拉机压实）	青贮塔 高（深）3.5~6.0m	青贮塔 高 6m 以上	青贮窖（人工压实）
全株玉米（带穗）	750	700	750	650
青玉米秸				500
向日葵	750	700	750	600
饲用甘蓝	775	750	775	675
根达菜	750	700	750	650
玉米、秣食豆混贮	775	750	775	675
三叶草、禾本科铡碎混贮	650	575	650	525
牧草（天然草地）不铡碎	575	550	575	475
禾本科牧草铡碎	575	500	575	450
禾本科牧草不铡碎	500	425	500	375
粗茎野草	475	450	475	400
甘薯藤、胡豆苗	—	—	—	700
块茎类	—	—	—	750~800

51 如何选择青贮原料收获机械？

选择适宜的青贮饲料收获机械是获得优良青贮原料和提高收获效率的保障，在选择收获机械时应考虑以下因素。

① 留茬低。收割茬应尽可能低，以减少青贮原料的产量损失。② 生产效率高。青贮原料（如玉米）的适宜收获期一般在 1 周内完成，最多不超过 10 天。收获期要延长的话，青贮原料的质量会降低。③ 切碎长度可调节。为适应收割不同种类或不同含水量的青贮原料，或不同青贮方式对原料切碎长度的要求，切碎长度应该为可调节的，一般为 10~40mm。④ 损失量小。在收割时，总损失不应大于总量的 3%。⑤ 使用维修方便。滚筒的动刀片应具有磨刀的性能，定刀片和动刀片调节，更换要方便。另外，在滚筒和喂入机械发生堵塞时，能迅速排除故障。⑥ 切碎滚筒要有良好的动平衡。在作业中不发生震动，以保证动刀和定刀间隙一定，获得良好的切碎质量。⑦ 适应性好。收获机械要能收获倒伏原料，并要有较强的防陷能力。

52 青贮原料收获机械的种类有哪些？

按动力来源可分为牵引式、悬挂式和自走式三种。牵引式靠地轮或拖拉机动力辅出轴驱动，悬挂式一般都是拖拉机动力输出轴驱动，自走式的动力靠自身发动机提供。按不同机械构造可分为：滚筒式、刀盘式、甩刀式和风机式等青饲收获机（表 5，图 16）。

表 5　常见青饲收获机的主要性能（农业部农业机械管理司 2005）

机型	型式	切刀数	切碎长度（mm）	切割器型式	生产效率（t/h）	生产厂家
9SQ-10	滚筒式	6	30	往复式	30~40	赤峰牧机厂
丰收 -1.25	甩刀式	25	50	甩刀式	30	佳木斯收割机厂
790	滚筒式	12	3.2~38.1			美国纽荷兰公司
H500	滚筒式	2、3、6	2.72~48.5	摆式	65	法国卡萨里斯
FH900	滚筒式	2、4、8	2.5~45	旋转式		德国法尔

图 16　青贮收获机

53 青贮原料切碎机的种类有哪些？其特点是什么？

青贮原料切碎机的种类主要包括：青贮切碎机、揉碎机、揉切机、拉伸膜裹包青贮机械。

（1）青贮切碎机　通常所说的青贮切碎机、铡草机、秸秆切碎机都属于饲草切碎机，按机型的大小可分为大型、中型、小型。大型切碎机结构比较完善，生产效率高，并能自动喂入草和抛送切碎段，适宜切碎青贮玉米、苜蓿等青贮原料，常被称为青贮切碎机或青饲切碎机；中型切碎机一般可切碎青贮料和干秸秆两种；小型切碎机适于小规模养殖户，主要用来切碎麦草、谷草，也用来铡青贮料和干草。饲草切碎机按其切碎型式不同可分为轮刀（圆盘）式、滚刀（滚筒）式两种，大中型切碎机为抛送青贮料，一般都为轮刀式，而小型铡草机两者都有，但以滚刀式居多。

（2）揉碎机　是一种介于铡草机和粉碎机之间的新机型。经揉碎机加工后的原料呈丝状，茎节被完全破坏，同时被切成适于饲喂的碎段，使饲草的适口性大为改善，而且在加工质量、生产率、可靠性、能耗等方面明显优于传统的铡切机和粉碎机，特别是对柔性大、含水量高的青绿植物，具有较好的粉碎效果（表 6）。因此，揉碎机比较受农牧民欢迎，主要用于玉米秸秆、灌木或半灌木饲用植物如柠条、山竹岩黄芪、胡枝子等饲草的青贮揉碎。目前，揉碎机还存在明显的不足：① 生产效率低，很少有超过 1t/h 的机型；② 因为其加工质量相对铡草机要碎得多，且主要是锤片打击和齿板揉搓物料，没有利用铡切的功能，因而在相同生产条件下，能耗高出铡草机 1~2 倍；③ 适应性差，不适于含水量太高或韧性大的物料。

（3）揉切机　具有铡草机和揉碎机的优点，同时能完成切碎和揉搓功能，实现了一机多用的目的（表 7）。揉切机的主要特点：① 解决了传统铡草机破节率低和能耗高、生产效率偏低等技术难点。如 9LRZ-80 型秸秆揉切机加工玉米秸秆的生产效率为 6~8t/h，9RZ2-60 型适用于中等规模养殖场，生产效率为 3~4t/h。② 具有较广泛的适应性，适用于青、干玉米秸，稻草，麦秸以及多种青绿饲草的揉切加工，对于多湿、韧性较强等难加工物料（如芦苇、柠条、山竹岩黄芪、羊柴、胡枝子等）也有很强的适应性。③ 加工用于青贮的玉米秸秆时，比铡草机加工出的段状秸秆质量好，易于压实和排出空气，能制作优质的青贮饲料。柔软的丝状青贮料，可增加牛、羊等反刍家畜的采食量和消化率。④ 经揉切机加工的饲草或秸秆即可直接饲喂，也可进一步加工调制（图 17）。

表 6　我国目前常见的几种揉碎机的技术参数
（农业部农业机械化管理司 2005）

型号	型式	主轴转速（转 /min）	生产率（kg/h）	配套动力（kW）	机重（kg）	外形尺寸（长 × 宽 × 高）（mm）	生产厂家
93RC-40 型秸秆揉碎机	锤片	2 500	1 000	7.5~10	120	1 370 × 1 260 × 4 680	辽宁凤城东风机械厂
9RC-40 型粗饲料揉碎机		2 610	2 000	7.5~13	130	1 530 × 660 × 1 265	北京市林海农牧机械厂
9RS-1.5 型饲料揉碎机	混合	1 400	1500	17~22		1 600 × 500 × 1 220	赤峰牧业机械总厂
9RS-0.7 型饲料揉碎机	混合	2 000	700	5.5~10		1 320 × 365 × 833	赤峰牧业机械总厂
9RC-40 型粗饲料揉碎机	锤片	撕碎 2 000	1000	7.5	160		黑龙江阿城市通用机电设备厂
93F-45 型牧草揉碎机	锤片	2 500	200	4	600	1 800 × 800 × 1 050	陕西西安市畜牧乳品机械厂

表 7　几种秸秆揉切机主要经济性能技术指标
（农业部农业机械化管理司 2005）

型号	9LRZ80	9RZ-60
配套动力（kW）	22	11~15
加工含水率为 14%~40% 的秸秆生产率（t/h）	3~5	2~3
加工含水率为 40%~70% 的秸秆生产率（t/h）	6~8	3~4
揉切程度：		
短于 50mm 的物料	约 78%	
介于 50~100mm 的物料	约 20%	
大于 100mm 的物料	约 2%	
破节率	> 99%	

图 17　青贮玉米秸秆粉碎和地下式青贮

54 青贮原料密封机械种类有哪些？其特点是什么？

青贮原料切碎后，需要进行下一步的密封包装，主要包括拉伸膜裹包青贮机械和袋式罐装青贮机。其中拉伸膜裹包青贮机械是目前国内较多使用的一种，下面做详细介绍。

（1）拉伸膜裹包青贮机械　拉伸膜裹包青贮指将割好的新鲜饲草用打捆机进行高密度压实打捆，然后通过裹包机用青贮塑料拉伸膜裹包起来，形成一个最佳的发酵环境。青贮专用拉伸膜是一种很薄的具有黏性、专用于裹包草捆的塑料拉伸回缩膜，将它放在特制的机器上裹包草捆时，这种拉伸膜会回缩。实现饲草包裹的关键技术，一是将饲草打成捆，二是要在饲草成捆的外面裹包上拉伸膜（图 18）。下面介绍两个草捆裹包机。表 8 是由中国农业机械化科学研究院生产的 92YC-0.5 型圆草捆裹包机的性能指标。表 9 是由爱尔兰的麦豪工程有限公司生产的 995LM 型草捆裹包机性能指标表。

表 8　92YZ-0.5 型圆草捆裹包机性能指标

草捆尺寸（直径 × 长度）（m）	0.5 × 0.8
草捆重量（kg）	40~50
草耗膜量（IPEX 拉伸回缩膜）（kg/t）	2.4
生产率（kg/h）	500~1 000
配套动力（kW）	8.8~11
重量（kg）	280
外形尺寸（长 × 宽 × 高）（mm）	2 250 × 1 000 × 900

图 18　苜蓿的裹包青贮

表 9　95LM 型草捆裹包机性能指标

草捆最大长度（m）	1.2
草捆重量（kg）	30~60
薄膜拉伸度（%）	55
电力要求	12V 直流电
配套动力（kW）	30
重量（kg）	345
外形尺寸（长 × 宽 × 高）（mm）	2 200 × 1 400 × 1 400

自 20 世纪 70 年代中期，国外在传统青贮的基础上研究开发了一种新型的饲料加工及贮存技术——捆裹青贮。从 1984—1996 年，由澳大利亚和英国研制生产的大型牧草捆裹青贮系统在世界许多国家得到了广泛的应用，制成的草捆达 1 亿多个，涉及的牧草品种包括紫花苜蓿、红三叶、黑麦草、大麦、黑表、燕麦、箭舌豌豆等。据报道，美国、英国、澳大利亚等畜牧业发达国家已在牧草捆裹青贮及贮存过程中的营养成分分析、青贮质量评价、对动物生产性能的影响及经济效益分析等方面进行了深入的比较和研究工作，形成了一系列科学的监测管理体系。朝鲜、日本、巴西以及非洲一些国家先后引进了该项目技术与设备，针对各自特有的自然条件和生产条件，就适宜捆裹青贮的牧草种类及其组合、捆裹青贮及常规青贮质量比较及评价等方面作了大量的试验研究，对各国草地资源的高效利用及畜牧业的持续发展起到了十分重要的推动作用。

长期以来，我国在牧草及青饲料青贮方面一直沿用传统的方式，青贮的技术和设备均远远落后于世界先进水平，所开展的研究工作亦较少。直到 1996 年内蒙古自治区的呼伦贝尔盟才首次从澳大利亚引进了牧草捆裹技术及其相关设备，并捆裹青贮牧草 3 000t 之多。1997 年青海省牧科院引进了一套小型捆裹青贮机械，在海拔 3 200m 的高寒牧区对单播燕麦、燕麦箭舌豌豆混播牧草都进行了捆裹青贮试验，抽样分析结果表明其多项评价指标的优良等品率为 70%~80%，营养成分损失较低，能保持新鲜牧草的优良品质。

北京、上海、安徽、湖南、广东、河南、青海等省分别对稻草、玉米秸秆、地瓜藤、芦苇、甘蔗尾叶等进行了裹包青贮试验和应用，测试报告都证实了其效果良好。

拉伸膜裹包青贮与传统的窖装青贮相比具有以下几个优点。

① 损失浪费极小。传统窖装青贮由于不能及时密封或密封不严，往往造成窖上部的霉烂变质。据调查，仅此一项可损失总量的15% 左右。另外，由于青贮原料的含水量较大，在制作过程中水分渗漏造成干物质的流失。此外，窖装青贮，在开窖后，由于日晒和雨淋、霉烂造成较大损失，而草捆裹包青贮则几乎没有霉烂，也不会造成水分的渗漏，而且抗日晒、雨淋、风寒的功能很强，因此损失将降低到最低程度。

② 灵活方便。首先是制作、贮存的地点灵活，可以在农田、草场，也可以在饲养场院内及周边任何地方制作；其次是制作方便，既不用挖青贮窖，盖青贮塔，也不用大量的人力进行笨重劳动，并且提取和运输方便。用拉伸膜包装的草捆，运输起来如同运集装箱一样方便。另外，由于每批的贮量可大可小，从而给每茬收获量较小的饲草品种开了方便之门。如某些牧场、农场种植苜蓿，每茬产量仅在 5 万 ~10 万 kg，窖贮就很不划算，而采用打捆裹包青贮就比较方便。

③ 青贮发酵品质好。由于制作速度快，被贮饲料高密度挤压结实，密封性好，所以乳酸菌可以充分发酵。调查表明，在原料含水量为 65% 以下的条件下，均表现乳酸菌发酵形式，丁酸含量极少。

④ 生产性能。根据内蒙古自治区现场对比饲养试验，用拉伸膜青贮饲料饲喂肉牛 10 头，不仅在 9~12 月的寒冷季节没有掉膘，反而平均日增重 0.63kg；而饲喂干草的牛，平均每日减少体重 0.1kg。饲喂 2 岁以下肉牛，集中育肥 3 个月，屠宰时比对照组的肉牛，每头平均多增重 50kg。从 7 月开始用青贮草捆饲喂奶牛，产乳高峰期延长 2 个月，日平均产奶量增加 5~7kg。

⑤ 不污染环境。窖贮制作过程中渗漏不但会降低饲料营养品

质，而且还会污染土壤和水源，青贮裹包草捆无渗漏，不污染环境，使农村环境更优雅卫生。

⑥ 成本低、效益高。传统窖贮由于霉烂变质，干物质流失，加之日晒、雨淋或地下水的浸泡造成较大损失，据调查，损失量占总贮量的 30% 左右。以 100t 的青贮窖计算，窖贮青贮玉米，每千克成本以 0.2 元计，100t 青贮的损失可达 6 000 元。此外，窖贮在制作时需用大量人工，以目前的劳动力价格计算，制作 100t 玉米青贮仅上窖人工费就需 6 000 元，而且劳动强度大，天热工作很辛苦，而 100t 草捆（或袋贮）的塑料拉伸膜成本仅为 2 800 元左右，仅此一项可节省近万元。

⑦ 保存期长。拉伸膜裹包青贮不受季节、气温、日晒、雨淋、风寒、地下水位的影响，可在露天堆放，长达 1~2 年不变质。同时可以节省建仓库、搭草棚的投资费用。

⑧ 节省了建窖占用土地。节省建窖投资费用和维修费用。

⑨ 便于饲草的高品化生产。

拉伸膜裹包青贮技术虽然有许多优点，但是在实际应用中还存在一些不足，有待进一步改进和提高。

① 一次性投入过高。从长期来看，裹包青贮的经济效益比较高，但是如果要采用该技术来制作青贮饲料时，需要购买打捆机和裹包机等，有一定的初期投入。另外，目前拉伸膜主要依靠进口或合资企业生产的产品，膜的成本比较高。由于一次性投入过高，对该技术的推广应用有一定的影响。

② 容易引起密封不良。裹包机使用方法和拉伸膜选择上如果出现失误会造成密封性不良，在搬运和保管拉伸膜青贮饲料过程中有时会把拉伸膜损坏，而拉伸膜一旦被损坏，酵母菌和霉菌就会大量繁殖，青贮饲料也将变质。还容易造成在不同草捆之间或同一草捆的不同部位之间水分含量参差不齐，出现发酵差异，给饲料营养设计带来困难，难以精确掌握恰当的供给量。

③ 容易遭到老鼠和鸟的破坏。原料裹包青贮之后，多数情况下青贮包是在露天存放，经常会被老鼠咬破拉伸膜或被鸟啄破拉伸

膜，而造成漏气现象。

拉伸膜裹包青贮采用的作业流程包括固定式作业：收割→晾晒→搂集→打捆→座包→运输→堆垛，和走动式作业：收割→搂集→打捆→集中草捆→裹包→运输→堆垛。具体操作步骤如下。

① 收割。在禾本科牧草抽穗期、豆科牧草现蕾至初花期，选择晴天，用牧草收割机进行刈割，留茬高度 5~8cm，割倒后的牧草要成条状铺放。

② 晾晒。割倒的草条不宜过厚，太厚的草条需要进行翻晾，禾本科牧草含水量控制在 60%~75%，豆科牧草含水量控制在 45%~55%。

③ 搂集。视捆草机的作业形式而采取不同的搂集方式，若自走式捆草机，可将两行草条合并成一行；若固定式捆草机，可将牧草搂集成草堆。

④ 打捆。将捆草机固定在草堆前，人工填入牧草，自走式打捆机顺着草条通过自走捡拾作业打捆。成型草捆规格（直径 × 长度）50cm × 80cm，重量 40~50kg。

⑤ 裹包。将打好的草捆移到裹包机上覆膜 4 层，用打捆专用绳捆好。裹包机的转盘转速控制在 30 圈 / 分，拉伸膜的覆膜率应为 50%，拉伸率为 250%~280%。

⑥ 运输与堆垛。用运输工具将裹包机打捆好的草捆运输到地势较高处放置，放置的地方要方便取用，有利用于防鼠、防虫等。

裹包好的草捆，应存放在人、物流动相对较少的地点，防止老鼠或其他原因造成破损，同时要防止风吹、日晒和雨淋。贮藏期要定期检查草捆，一旦发现破洞要及时补好。裹包好的草捆至少放 30 天以上，直到喂牲畜时才能将草捆打开，要根据饲喂量开包，不要提早打开。

（2）袋式罐装青贮机　袋式灌装青贮技术（简称袋贮技术）是国外继窖贮、塔贮技术之后的一项新的青贮技术，是应用专用设备将切碎的青饲原料以较高密度、快速水平压入专用拉伸膜袋中，利用拉伸膜袋的阻气、遮光功能，为乳酸菌提供更好的发酵环境，进行青贮。美国 KellyRyan 公司生产的 CenterllineBagger 牧草 / 秸秆青贮灌装机生产能力为 60~90t/h。

55 如何清理青贮设施？有哪些注意事项？

青贮前，应认真检查和清理青贮容器（如青贮窖、青贮壕等），将青贮容器内的废弃物彻底清理出去，并将其打扫干净，特别是青贮设施内壁上附着的脏物应铲除，墙壁如有裂缝或破损应及时修补完善。清理完后，应用石灰水或其他消毒液进行涂刷和消毒。清除完毕后，在窖或壕底应铺一层 10~15cm 切短的秸秆等软草，以便吸收青贮汁液。窖壁四周衬一层塑料薄膜，以加强密封性和防止漏气渗水。

在对青贮设施进行清理时，一定要注意安全。在炎热的天气或对有顶棚或较深的青贮容器进行清理时，应注意 CO_2 等有毒气体对人体的危害。当进入青贮设施内如有闷气或不适感觉时，应立即走出，用吹风机或扇车向青贮设施内吹风，以排出有害气体。特别是在对较深的青贮容器进行清理时，尤应注意事先对有害气体的排放。因为，随着植物青贮原料细胞的呼吸和发酵，常产生 CO_2 等有害气体，在炎热无风的天气，或带有棚盖的较深青贮设施中，聚积浓度较高的 CO_2，会使人中毒窒息。

56 青贮原料的适时收割期如何确定？

为最大限度地获得单位面积的营养物质高产，青贮原料必须在适宜的成熟期收割。同时，合适的水分和碳水化合物的含量也非常关键。收割时期过早，青贮原料含水量较高，但单位面积营养物质产量不一定高；收割时期过晚，原料中的营养物质含量下降。要掌握好青贮原料的刈割时间，及时收获。一般密植青刈玉米在乳熟晚期至蜡乳初期，豆科牧草在开花期，禾本科牧草在抽穗期，甘薯藤在霜前期收割。表 10 列出了常见原料的适宜收割期。在表中所列的饲草青贮适宜收割期，可以使这些饲草的消化养分产量达到最大这些饲草在收割时，其中有一些饲草的含水量可能高于青贮调制要求，因此，必须对这些饲草进行水分调节，即进行晾晒或采取其他干燥措施，使其凋萎以除去一部分水分，使含水量达到青贮的要求。为了将饲草凋萎，在其收割后的切碎和青贮之前，可以将割倒后的饲草平放在田间进行晾晒。

其次，要掌握青贮原料的含水量。青贮需要的水分含量取决于青贮类型。如果物料置于密闭、直立的袋中青贮，那么水分含量可以较低（50%~60%）；如果物料置于地面青贮堆或青贮壕中，水分含量可稍高（65%~75%）。但是，为了获得良好的发酵，减少营养物质损失，调制优质的青贮饲料，青贮原料的含水量一般要求在70%~80%，半干青贮原料的含水量可在 50%~60%。

表 10　常见饲草青贮适宜收割期

饲草	收割期	收割时含水量（%）
紫花苜蓿	现蕾盛期至初花期	65~75
青贮玉米	乳熟晚期至蜡熟初期	65~75
三叶草	现蕾盛期至初花期	开花期 81~89
中间锦鸡儿	营养期（当年生长的枝条好）	45~55
尖叶胡枝子	开花期	50~60
上竹岩黄芪	初花期	45~55
无芒雀麦	抽穗期	60~65
直穗鹅观草	抽穗期	65~70
垂穗披碱草	抽穗期	60~65
沙打旺	开花期	60~65
扁蓿豆	开花期	55~60
玉米秸秆	摘穗后尽快收割	50~60
燕麦	孕穗—抽穗初期	80~85
高粱	籽粒蜡熟中期到后期	50~77
其他谷物	籽粒蜡熟中期到后期	50~75

57 如何检测青贮原料的含水量?

青贮原料含水量的测定与一般实验含水量的测定基本一致，一般采用实验室烘箱干燥法，也可采用微波炉法或手测法。下面对微波法和手测法进行介绍。

手测法

在生产实践中通常采用比较简便的手测法来判断原料的含水量。抓一把已切碎的青贮原料，用力握紧 1 分钟左右，如水从手指间滴出，但手松开后原料能保持团状，不易散开，手被湿润，含水量则为 68%~75%；当手松开后团状原料慢慢散开，手上无湿印，含水量则为 60%~70%；当手松开后草团立即散开，含水量则为 60% 以下（图 19）。

微波炉法

准备一个微波炉和一台电子秤。测定步骤如下。

找一个能装下 500g 青贮原料的容器（可置于微波炉内），并称空容器重量，容器重量记做 W_1。称 500g 左右待测水分含量的青贮原料，记做 W，放在称好重量的容器内。将装有青贮原料的容器置于微波炉，并在微波炉内放置一杯 200mL 的水以吸收额外的热量，防止样品着火。把微波炉调到最大挡的 80%~90%，时间设置 5 分钟，当微波烘烤到时间后，再次称重，并做记录。重复第四步，直到两次之间的重量差异在 5g 之内。把微波炉调到最大挡的 30%~40%，烘烤 1 分钟后，将装有原料的容器拿出称重。再重复第六步，直到两次之间的重量差异在 1g 之内，将装有原料的容器重量记做 W_2。

计算原料干物质含量：$DM(\%)=[(W_2-W_1)/W]\times 100$

注意在烘烤样品过程中，要有专人负责观察微波炉中的样品变化，不可无人照料，以防微波炉内的样品着火。在长期的青贮实践中，人们总结出了用手握法估计青贮原料的含水量经验数值，见表 11。

表 11　常见青贮原料水分含量的近似估计

青贮取料团块状况	近似水分含量（DM%）
握后成形，有大量汁液渗出	>75
握后成形，有较少汁液渗出	70~75
原料缓慢散开，无汁液渗出	60~70
迅速散开	<60

图 19　青贮料水分手感测定

58 青贮原料的含水量如何调节？

刈割要先选择在无露水、晴朗天气进行。倘若原料的水分含量较高，刈割后要进行适当的晾晒。气候干燥、多风的西北及内蒙古自治区等地区，晴天只需晾晒 1~6 小时即可，通常情况下不需要晾晒，刈割后即可运到青贮场地进行切碎装窖；华北、东北地区需要晾晒 6~10 小时；南方各省根据气候条件，晾晒的时间较长，但一般不宜超过 24 小时为好。若采用割草压扁机，晾晒时间则可短些。晾晒应注意天气变化，防止雨淋。另外，对于过湿的青贮原料，在青贮时可稍加晾干，或掺入适量的干料；对于过干的青贮原料，可加适量的水，切碎装窖后应喷洒少量水，以提高含水量，或采用半干青贮的方法进行。

59 如何对青贮原料进行收割和运输？

青贮原料的收割方法有人工收割和机械收割两种。种植面积较小，没有青贮饲料收获机的农户，可采用人工收割的方法。首先将青贮饲草割倒，再装到运输车上，将其运输到青贮现场进行切碎。种植面积较大，最好选用青贮饲料收获机进行收割。当前比较适用的机械是青贮饲料联合收割机，在一次作业中可以完成收割、拾捡、切碎、装载等多项工作。

如果收割的原料含水量适中，不需要进行凋萎处理的话，要及时将原料运到青贮地点，以防在田间时间过长，水分蒸发和因细胞呼吸作用造成养分损失。人工收割的整株原料要随割、随运、随切碎和随装窖。机械收获的切碎原料要及时运到青贮窖进行装填压实。

60 青贮饲料制作中的损失有哪些？

在青贮制作过程中有许多环节可引起青贮饲料营养物质的损失。

（1）田间损失　包括田间各种机械作业（收割、翻晒、用耙子搂）和运输到切碎引起的损失，以及这期间由于植物活动的干物质损失。如果收割后直接青贮，田间损失较少，干物质损失 10% 左右；如果收割后青贮前原料在田间存留的时间较长，由于植物酶和微生物发酵的作用，会导致可溶性营养物质含量下降，特别是碳水化合物的含量急剧下降，从而影响青贮效果。所以应尽量缩短收割后原料在田间的晾晒时间，若含水量适宜的原料，应做到边收割、边切碎、边装填，收割、切碎、装填一气呵成。

（2）青贮设施周围和表面损失　通常情况下，在青贮开窖后，往往表面和墙壁四周 10cm 或更厚的一层青贮料发霉或其他原因而不能被利用，这一损失可能达干物质的 15%~20%。为了减少这种损失，在原料装窖前，尽量在其四周墙壁的表面铺垫一层塑料膜，封盖窖顶时，在原料上也应铺垫一层塑料膜，可使这一损失量显著下降。在日常管理中，如发现窖顶或四周墙壁有破损，应及时采取补救措施，将破损处修好。

（3）渗流或渗出损失　渗流液中不仅含有水，而且含有其他可溶性物质和营养物质。这种损失在一定程度上与青贮原料的水分含量有关，如果原料含水量过高，渗流的损失量就会增加。因此，减少渗流损失的有效途径，是在青贮原料的含水量适宜时进行收割切碎青贮，当原料水分含量超过 75% 时，渗流损失就会增加。

因此，要因地制宜采取合理的措施，可以减少损失。

61 如何减少青贮饲料制作中的损失？

（1）尽量选择优质的青贮原料　一般来说，所有的青绿饲草均可作为青贮原料，但并不是所有的都能调制出优质的青贮饲料。比如豆科牧草虽然蛋白质含量高，但糖分含量低，比较难以贮存，而禾本科牧草则因碳水化合物含量高，易于贮存。所以，要成功地制作青贮饲料，必须要有一个符合青贮的最低含糖量标准，一般为 3% 左右。如果原料中实际含糖量高于青贮最低含糖要求，原料就属于易贮藏类型，如全株玉米、高粱、甘蓝、胡萝卜、甘薯藤、南瓜等；低于最低含糖量要求的就属于难贮藏类型，如苜蓿、草木樨、马铃薯茎叶等；还有不能单独青贮的原料，如南瓜蔓、西瓜蔓等，这类植物含糖量极低，单独青贮不易成功。但是，如果将不易青贮的原料如苜蓿或不能单独青贮的原料与易于青贮的原料之间以 2∶1 或 1∶1 的比例配合，可以提高成功率。其中由于玉米易种植、产量高、营养丰富且易调制出优质的青贮饲料而被作为牛羊反刍家畜的首选青贮原料，对于猪等单胃动物，甘薯藤、甜菜叶等则可作为较理想的原料。

（2）饲草的适时收获　掌握好各种原料的收割时间，以保证原料的产量、营养价值、含水量等，从而保证青贮饲料的产量和质量。为了获得含糖量较高的原料，应注意以下几点。① 在天气晴好的日子里刈割。② 在刈割前 4~5 周不宜施用氮肥。③ 刈割后适当的凋萎或晾晒有助于提高原料的干物质和糖分含量。④ 豆科牧草青贮时，可与一定量的禾本科牧草混合青贮或原料中添加一定量的糖蜜，可提高其青贮品质。

（3）青贮原料的水分调控　控制好原料的含水量，理论上讲，在合适时间收割的原料可随割随贮，但对部分含水量较高的原料收割后其水分含量过高，须通过凋萎、晾晒或在原料中加入吸水性强的饲料来调节水分到最适程度。

（4）控制作业速度　在青贮工作中，要把握"六快"原则：即快收、快运、快切、快装、快压、快封。收割、运送、切碎、装填、压实青贮原料的速度要快，小型窖最好在一天内将窖装满，并完成全部青贮作业，大型窖两天内将窖装满，并封盖好。拖延封窖时间对青贮发酵有不利影响。对一个地方而言，如果对大面积的饲草进行青贮时，也应尽量缩短青贮作业时间，青贮制作过程越快越好，一般控制在一周以内为好。

（5）保持卫生清洁　在青贮过程中，还应保证青贮原料与环境的清洁卫生，以确保青贮质量。此外，为了提高青贮饲料的质量与延长其保存时间，也可以在原料中加入一定量的防腐剂，如福尔马林与甲酸及一些营养元素如尿素等。

62 青贮完成后如何进行开窖前的管理?

（1）再密封　青贮原料装填入窖封盖后，经过 5~6 天就进入乳酸发酵阶段，窖内原料开始脱水和软化，体积减小或收缩，窖内原料会发生下沉。随着原料下沉，顶盖会出现裂缝，或因盖土过于黏重，干后坚硬起拱，会出现悬空，这些现象的发生都会使空气进入窖内。因此，从青贮后的第 3 天开始就应该每天检查一次窖顶变化情况，若发现窖顶下沉出现裂缝时，要及时踩实或拍实，并进行补土；出现悬空也要及时踩下去，并进行培土，一般经过 10 天左右，达到乳酸发酵中、末期就不再会下沉，这时可以将窖顶用土培成馒头状或脊形，高出窖沿 30cm，再用湿土或泥抹上一层就可以了。

（2）发现破损及时修补　为了避免封好后的青贮窖盖顶不受损坏，要在窖的四周设置障碍物，防止家畜上窖顶踩踏，造成窖顶损坏。若发现窖顶破损，应及时进行补修，以免引起透气，影响饲料的青贮品质。

（3）采取防雨措施　青贮窖内既不能进气，也不能进水，如果雨水进入青贮窖内，一方面会冲淡青贮饲料的酸香气味，降低适口性，另一方面严重时，则可引起青贮饲料的腐烂变质，而不能利用。因此，青贮窖在进行最后的封盖时，要考虑到窖盖顶的防水问题，窖顶最好要光滑，有一定的坡度，要确保出水流畅，窖的周围应该有排水沟，将雨水及时排出。

（4）增加覆盖物　一般青贮好的饲料总是要经过寒冷的冬天，尤其是北方，往往是在冬春季才开始饲用青贮料。如果青贮窖顶上不加覆盖物的话，封盖窖顶的泥土就会被冻透，而变得非常坚硬，在启封破土时，一方面非常费劲，另一方面也可能使取料口开得很大，而使密封性变差。因此，在冬季上冻前，应在窖顶上增加覆盖物，可以将柴草堆放在窖顶上，取料的窖口应该盖上较厚的柴草，

每次取完料应该再盖好窖口，

（5）防止鼠害　青贮窖易受到老鼠的危害。青贮饲料散发的酒香味，易招引老鼠咬食或打洞，青贮窖或青贮袋一旦遭到老鼠的危害，青贮窖或青贮袋内就会进入空气，很快就会引起饲料腐烂变质。因此，要采取安全有效的措施进行鼠害防治，发现青贮窖有鼠洞应及时采取补救措施。在投放鼠药时，一定要注意安全，要记录鼠药投放地点，以免混入饲料中，或被家畜误食。

63 如何开窖取料？

入窖的青贮饲料经过一段时间（一般为 45 天左右）的发酵，就变成质地柔软、气味酸香、营养丰富的优质青贮饲料，这时就可以开窖使用。开窖的方法取决于青贮窖的形状，圆形青贮窖开窖前应清除密封时的盖土、铺草等物，以防与青贮料混杂，并及时运走。然后将覆盖薄膜以及腐烂的青贮料剥离掉，直至露出好的青贮料为止。青贮壕或长方形窖应从留有斜坡的一端开始清除，可先清除一段（1m 左右），开口处上部盖土及草料等。取完一段后再清除一段盖土及草料，分段开启。由窖内取出的杂物和腐烂的青贮料，应及时清除掉，不要堆放在窖旁，以免与青贮料混杂。

取料时，若周围有长白毛或腐烂的青贮料应仔细捡出抛弃。圆窖要自上而下逐层取用，切忌打洞掏取，长方形窖或沟形青贮壕应从青贮料的横断面垂直方向，由上向下一小段一小段地切取，切取的工具可用饲料刀、锹或铁叉等。取料以当日喂完为准，以保持青贮料的新鲜，切勿一日取数次或取一次喂数日。每次取完青贮料后，必须随即用草帘或麻袋（最好用塑料薄膜）将窖口封闭严密，以免空气侵入青贮饲料中而引起变质霉烂、饲料冻结或掉入泥土。

如果因天气太热或因其他原因保存不当，取料口表层的青贮饲料发霉或变质，应及时取出抛弃，不应该用于饲喂家畜，否则易引起家畜意外的疾病。取出的青贮饲料不能暴露在日光下，也不要散堆、散放，最好是装在袋内，放置在牛舍内阴凉处。每次取完青贮饲料后，把取料处再重新踩实一遍，然后用塑料布盖严。

现在国内一些牧场采用进口玉米青贮饲料取料机进行取料，这种机器可从上到下取料，包括各个层面的玉米青贮，减少了因各层面玉米营养成分不同造成的日粮不稳定，如果取料机带有揉碎功能，效果会更好，玉米棒等块状茎秆被揉碎，提高了利用率。

64 开窖后如何鉴定青贮饲料品质?

开窖后的青贮饲料需要进行品质鉴定，可根据前面介绍的青贮料品质鉴定方法进行。由于广大农户条件有限，一般通过青贮饲料的外在表现特征，用眼睛、鼻子和手进行看、嗅和摸的感官鉴定即可。一般优质的青贮饲料颜色呈青绿色或黄绿色。如果发现青贮饲料的颜色变黑或褐色，则说明青贮饲料已变质、发霉，须将变质的青贮饲料全部去掉后，再饲喂；优质的青贮饲料气味酸甜，带有浓烈的酒香味和酸梨味。如果气味酸臭，则说明青贮饲料已发生霉变，必须查明原因，并采取相应的补救措施，才能饲喂；优质青贮饲料握在手里柔软湿润，如果抓在手里发黏或干燥粗硬，说明青贮饲料已发生霉变，必须经过处理后才能饲喂。

用含糖量较高、易青贮的原料，如玉米、苏丹草等禾本科饲草作青贮时，只要方法正确，经过 20~30 天的发酵，就能制成青贮饲料；用含糖量较低、蛋白质含量较高的不易青贮的原料，如苜蓿、胡枝子等豆科饲草作青贮时，需要经过 50~60 天或更长时间的发酵才能制成青贮饲料。

65 什么是二次发酵，产生二次发酵的原因有哪些？

二次发酵是指打开青贮窖后，青贮饲料发热，温度急剧上升，出现饲料腐败变质现象，也叫好气性腐败。

产生二次发酵的主要原因是由于青贮窖开封取料后，青贮饲料表面与空气接触，随之空气进入无氧状态的青贮料内部，此时被抑制了活动的好气性微生物，特别是酵母和霉菌开始活动和繁殖，导致青贮饲料的温度上升，这样就又促进了微生物的活动，使青贮饲料快速腐败。青贮饲料发生二次发酵，不仅与青贮原料的调制技术、青贮窖环境的变化有关，也与外界气温、青贮密度以及青贮原料的水分含量有关，在生产中往往是由于这些因素的综合作用导致二次发酵的产生。

66 二次发酵对青贮饲料质量有哪些影响？

经过二次发酵的青贮饲料，一是引起干物质损失，一般损失5%~10%，有时可达30%。二次发酵损失的营养物质是其价值高的部分，而且当干物质损失在10%以上时，会产生霉块及黏滑状的东西，不能饲喂。二是消化率、营养价值低。由于二次发酵微生物首先从营养价值高、易于消化的物质开始部分破坏，而不利用营养价值低的纤维及木质素。而且由于发热使蛋白质变质，利用率降低。三是卫生上的问题，二次发酵时，一些微生物产生毒力较强的物质，不仅使家畜出现乳量降低、中毒、下痢、流产等现象，而且使乳房炎发病率明显上升，因此，应尽量杜绝或减少青贮饲料二次发酵。

67 防止二次发酵的方法有哪些？

（1）微生物法　为防止二次发酵，在青贮时应选择能抑制引起二次发酵的酵母菌及霉菌的青贮料。由于优质青贮料中含有的酪氨酸能抑制酵母及霉菌的繁殖，故不易发生二次发酵。由此原理可调剂添加乳酸菌，促进乳酸菌发酵，产出酵母少的优质青贮料，从中抑制二次发酵。具体可按以下方法进行。

在适宜期收割原料，使水分含量为70%。

整齐地切断，长度0.9~1.2cm。

添加有效的乳酸菌。

充分踏压，使密度达到700kg/m^{3}以上。

尽早密封。

熟化1~2个月。

（2）物理法　二次发酵是因青贮料接触空气而发生的，所以用物理的方法切断空气进入青贮料是防止二次发的基本措施，为此应注意以下几点。

青贮前，检查混凝土青贮室的壁面有无裂纹，铁皮气密式塔的呼吸袋有无破损，做到密闭无漏气。为防鼠虫害，可在塑料布上覆土20cm，也可撒些杀虫剂等。

要适时收割，太迟则作物较粗硬，不利于青贮密度的提高，其次材料要切短，充分踏压，使青贮密度提高。这样开封后空气不易进入内部，可有效防止二次发酵。

使青贮室规模与青贮料的取出量相适应，即使增加青贮密度，青贮料之间也会留有空隙，空气从青贮料表面进入，浅处较多，深处渐少，因此每日取出量较少，空气则会进入青贮料的深处，引起好气菌的增殖。所以，必须在好气菌明显增殖前取出青贮料投饲。为此每日取出厚度在15~20cm的青贮室规模较好。一般水平型青贮室较青贮塔表面积大，所以将青贮室分格为好，青贮塔可使用二次发酵防止板。

（3）化学法　作为抑制二次发酵原因的酵母及霉菌生长繁殖的添加剂，丙酸及甲酸钙复合剂效果较好。添加 0.3%~0.5% 的丙酸可相当程度地抑制好气菌的繁殖，添加量 0.5%~1.0% 时，大部分好气菌被抑制。甲酸钙复合剂的主要成分为甲酸钙，它可选择性地抑制酵母及霉菌的繁殖，添加量 0.2%~0.5%。其他添加剂如尿素、山梨酸、丙烯酸均可适当防止二次发酵。

（4）取料合理　一是要正确取料。大型青贮窖要做到迅速取料，按顺序、按层次从窖里取料，竖窖从上到下，长型窖由一端向里，取料时开口要小，动作要快，取完料后立即封闭窖口，并用重物压上，防止空气进入；二是要准确取料，要根据家畜每天青贮饲料的用量，合理安排每天青贮饲料的取用量，要做到喂多少取多少，取料以当日喂完为准，以保持青贮料的新鲜，不要一天取数次或取一次喂好几天。另外，取出的青贮料应放在通风、阴凉的干净处，防止杂菌污染。

68 如何进行青贮样品的采集与保存？

（1）样品采集　取样正确与否影响青贮饲料鉴定结果。因此，在进行青贮饲料品质鉴定时，必须正确取样，所取样要具有代表性和真实性。为了使样品具有真实代表性，取样应从青贮窖的不同部位和不同层次选取。取样因青贮窖器不同而有差异。

（2）取样方法　首先应将封盖物如黏土、草层和上层发酵不好的青贮料去掉，直至发酵好的青贮料露出为止。对小型青贮窖（壕）至少要从上、中、下和中部边缘部分取 4 个以上的样点。将多点取出的样品进行混合，样品混合要均匀，然后进行感官鉴定；或采用四分法取样，取其中 1/4 进行实验室鉴定。每次样品重量约 1kg。对于大型青贮窖或青贮壕，则应多点取样。取样的部位以青贮窖的中心为圆心，由圆心到窖壁的 40~50cm 处为半径画一圆周，然后从圆心及相互垂直的两直径与圆周相交的各点分别采样（图 20）。可用土钻或取样器取样，或先将表面 30cm 厚部分去掉，用锋利快刀切取 15~18cm 见方块，从中取样。取样时切记不可掏取。采样后立即封盖好窖口，以免空气进入，引起二次发酵。

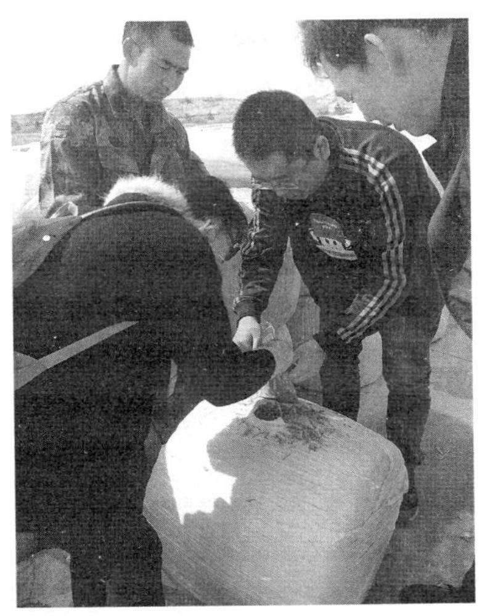

图 20 裹包青贮饲料样品的采集

（3）样品保存　取出后的样品，要立即装入自封的塑料袋中，随即进行鉴定处理，也可以将塑料袋密闭，置于 4℃冰箱保存，待测。样品不要在常温下放置时间过长，以免发生变化，影响鉴定结果。

69 青贮饲料品质怎样鉴定？

评定青贮饲料的方法主要有感官鉴定、实验室鉴定、综合鉴定 3 种。

（1）感官鉴定　这种方法简单易行，广大农户和农牧场都可采用。主要是通过看、嗅、摸，并依据青贮料的颜色、气味和质地来判断青贮饲料的好坏。① 颜色。青贮饲料的颜色因原料种类和调制技术等的不同而有差异，一般青贮饲料的颜色越接近其原料本色越好，新鲜的绿色饲草调制成的青贮料，颜色多为绿色或黄（绿）色，农副产品或收获较晚的作物秸秆，颜色发黄的原料多为黄色。通常情况下，青贮饲料颜色为绿色或黄（绿）色的为优等；黄褐色或暗绿色的为中等；褐色或墨褐色的为劣等。但是也有例外，若在高温条件下发酵制成的青贮饲料有时呈褐色，如果青贮饲料具有较浓的酒香味，仍属于优质青贮饲料。② 气味。青贮饲料的气味是鉴定青贮饲料品质的重要指标。品质优良的青贮饲料通常具有水果甜香味和淡淡的酸味，类似于刚切开的面包味和香烟味，有些青贮饲料像新鲜酒糟那样的气味，给人清香舒适的感觉。不良的青贮饲料酒香味减少或没有酒香味，若青贮饲料散发臭味以及刺激人的不好气味，如霉味等，表明这种青贮饲料的品质低劣。青贮饲料气味评级如见表 12 所示。③ 结构。良好的青贮饲料压得非常紧密，但拿在手中又显松散，质地柔软而湿润，茎叶多保持原状，还能清楚地看出茎叶上的叶脉和绒毛。相反，如果青贮料黏成一团，好像一块污泥，或者质地松散而干燥，都不是良好的品质。当掌握了用颜色、气味和结构等单项指标对青贮饲料品质评判后，通常是将青贮饲料的颜色、气味和结构结合起来（图 21，图 22），综合对其进行品质鉴定（表 12，表 13）。

图 21　青贮饲料的气味鉴定

图 22　青贮饲料的感官鉴定

表 12　青贮饲料气味及其评级（胡坚 2002）

气味	评定结果	可饲喂的家畜
具有酸香味，略有纯酒味，给人以舒适的感觉	品质良好	各种家畜
香味较淡或没有，有强烈的醋酸味	品质中等	除妊振家畜、幼畜和马匹外，可喂其他家畜
具有特殊臭味，腐败发霉	品质低劣	不易喂任何家畜，洗涤后也不能饲用

表 13　青贮饲料感官鉴定（胡坚 2002）

等级	颜色	气味	质地
上等	绿色或黄绿色	酸香味较浓	柔软稍湿润
中等	黄褐色或黑绿色	酸味中等或较浅，稍有酒味	柔软稍干或水分稍多
下等	黑色或褐色	臭味	干燥松散和黏结成块

（2）实验室鉴定　检测指标主要是酸度（H^+）、还有游离态铵离子（NH^+）、氯化物、硫酸盐等，所需试剂少、仪器简单、操作方便。通过定性测定来评定青贮饲料品质，不仅实用还提高了准确度，适用于大、中型养殖场（图 23）。

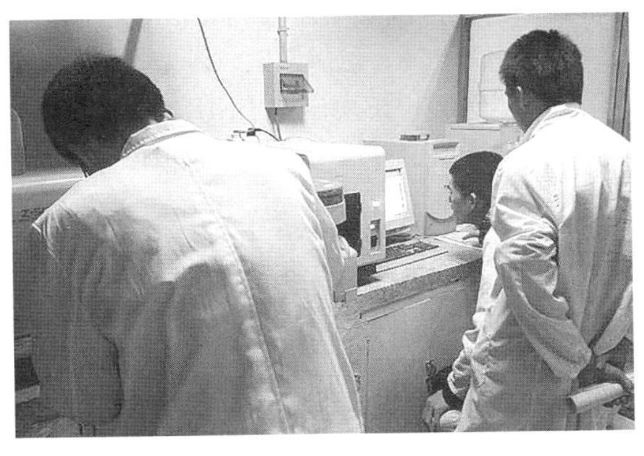

图 23　青贮饲料的实验室鉴定

① 所需试剂。青贮料指示剂 A+B 的混合液，A 液 [溴代麝香草酚 0.1g+NaOH（0.05mol）3mL+ 水 250mL]，B 液（甲基红 0.1g+95% 乙醇 60mL+ 水 190mL），盐酸酒精乙醚混合液（相对密度 1.19 的盐酸 +96% 乙醇 + 重量比为 1∶3∶1 的乙醚），硝酸，3% 的硝酸银溶液，盐酸溶液（1∶3），10% 的氯化钡溶液。

② 酸度测定。取 400mL 烧杯盛半杯青贮饲料，浇入蒸馏水，不断用玻璃棒搅拌 15~20 分钟后，用滤纸过滤，将滤液 2 滴滴于白瓷比色皿内，加入青贮指示剂；或将滤液 2mL 注入一试管中，加入 2 滴青贮指示剂，根据盘内或试管中浸出液颜色进行评定（表 14）。

表 14 青贮饲料的氢离子浓度（酸度）评定

pH 值的范围	颜色	评定结果
3.8~4.4	红色→紫红色	上等饲料
4.6~5.2	紫→紫蓝	中等饲料
5.4~6.0	蓝绿→绿黑	下等饲料

③ 游离态铵（腐败鉴定）。游离态铵是由青贮饲料腐败变质过程中含氮物质分解而成的，通过定性测定饲料中游离铵的含量可以判定饲料是否腐败。在粗试管中加入 2mL B 液，取适量青贮料伸入试管中，距试管液面 2cm，然后塞紧软木塞。如青贮饲料四周出现明显白雾，则表示饲料中游离态铵（NH^+）含量过大，饲料已经腐败；如果看不到白雾或白雾不明显，则表示饲料未腐败或腐败程度较低。

④ 氯化物和硫酸盐（污染鉴定）。根据游离态铵、氯化物及硫酸盐的存在来判定青贮饲料的污染程度。称取青贮饲料 25g，剪碎装入 250mL 的容量瓶中，加入一定容积的蒸馏水（浸透即可）。仔细搅拌，再加入蒸馏水至标线，在 20~25℃下放置 1 小时，在放置过程中经常搅拌振荡，然后过滤备用。

氯化物测定：取上述的过滤液 5mL，加 5 滴浓硝酸酸化，然后加 3% 的硝酸银溶液 10 滴，如果出现白色凝乳状沉淀，就证明有氯化物的存在，说明青贮饲料已被氯化物污染。

硫酸盐测定：取滤液 5mL，加 5 滴 1∶3 的盐酸溶液进行酸化，再加入 10% 的氯化钡溶液 10 滴，如果出现白色混浊，说明青贮饲料已被硫酸盐污染。

（3）综合鉴定法　根据酸度、气味、颜色 3 项指标的综合情况对青贮饲料品质进行综合鉴定（表 15），如果饲料 pH 值在 3.8~4.4、酸香味浓、颜色呈原料颜色，则鉴定结果是上等饲料，适合饲喂各类牲畜；如果饲料 pH 值在 4.6~5.2、酸香味淡、黄褐色或者墨绿色，该饲料是中等饲料，可饲喂除妊娠家畜和幼畜以外的各种家畜；如果饲料 pH 值在 5.4~6.0、具有浓丁酸味或发臭、黑色，则属下等饲料，不能饲喂任何家畜，洗涤后也不能使用。

表 15　青贮饲料综合评定

pH 值	气味	颜色	评定结果
3.8~4.4	酸香味浓	原料本色	上等饲料
4.6~5.2	酸香味淡	青褐色或黑绿色	中等饲料
5.4~6.0	丁酸味浓或发臭	黑色	下等饲料

70 造成青贮失败的原因通常有哪些？

青贮原料的水分含量、糖分含量及密封程度是影响青贮成败的关键。即使同一原料，收获时期不同，其成分含量也不一样，如果在调制过程中，不采取适当的措施，会导致青贮的失败。在开启青贮窖时，常常发现窖的边沿部位青贮料发生变质，这是经常见到的现象，但有时也会发现全部或大部分青贮饲料黏稠、霉烂、变色、异味等严重腐败现象。引起青贮失败的原因主要有以下几方面。

（1）含水量过多　青贮原料含水量过高，导致青贮窖内有厚厚的一层饲料腐败变质，并发出臭味，有刺鼻感，有水渍现象，用手触摸时感到黏滑。变质的青贮饲料适口性差，营养价值低，家畜采食过多会引起腹泻。

造成这种青贮饲料变质的主要原因：青贮饲料收获期不当，收获过早或收获时赶上阴雨天气，致使青贮原料含水量过高，青贮前又未对原料进行凋萎晾晒，或在青贮过程中和青贮后有雨水进入窖内。所以高水分发酵就不理想，对豆科饲草青贮其效果更差，原料稍经凋萎晾晒，其含水量降低，青贮品质会较好。

（2）含水量太低　青贮原料含水量过低时，在青贮填装过程中压实不够，窖中空气残存过多，会使青贮饲料发霉变质，具有焦味或霉味，呈褐色或深褐色。引起青贮饲料霉变的主要原因是青贮原料收获时过于成熟，收割太晚，或是由于原料切得过长，不易于压实或装窖不及时，延误时间太长，封顶过晚，致使青贮原料因氧化受热过度而使青贮饲料变质。

（3）酸度不够　青贮料含酸不足，不能制止发酵，有害细菌就可以起腐化作用，这些细菌产生的酶就会破坏相当多的蛋白质而产生异味，使青贮饲料变黏。

（4）酸度过高　饲草含糖量非常高，例如用未成熟的玉米或高粱青贮，造成含酸过多，青贮饲料变得酸臭、极不适口，这种青贮若喂多了会使奶牛发生腹泻。

71 如何进行青贮饲料的饲喂？

（1）驯饲　初喂青贮饲料时，部分家畜因不习惯而拒食。这就需要进行驯饲。方法有四：一是在家畜饥饿空腹时先喂少量青贮料；二是将少量青贮料与精饲料混合后先饲喂，再喂其他饲料；三是将青贮料放在饲槽的底层，上层放常喂的草料，使家畜逐渐适应气味；四是将青贮料与其他常用草料搅拌均匀后喂给。在驯饲的基础上，青贮料的用量可由少到多，逐渐增加，直到达到日粮要求的量。

（2）饲料的合理搭配　青贮饲料虽然是一种优质饲料，但不是各种畜禽唯一的饲料，即使是某种家畜专用的混配青贮饲料，也不可能是这种家畜的唯一饲料。因为，青贮饲料中含水量多，干物质相对较少，单一饲用青贮饲料是不能满足家畜营养需要的，特别是不能满足产奶母畜、种公畜和生长育肥家畜的营养需要，更不是家禽的主要饲料。另外虽然青贮饲料酸甜适口，但长期单一饲喂，畜、禽也会发生厌食或拒食现象，所以青贮饲料必须与干草、青草、精料和其他饲料按家畜营养需要合理搭配饲用。使用无机酸添加剂的青贮饲料，其中的无机酸会影响动物体内的矿物质代谢，产生钙的负平衡，饲喂此类青贮饲料时应注意补钙。有条件的奶牛户，最好将精料、青贮饲料和干草进行充分搅拌，制成全混合日粮也叫 TMR 饲料饲喂奶牛，效果会更好。

（3）饲喂方法　饲喂时，初期应少喂一些。以后逐渐增加到足量，让家畜如奶牛有一个适应过程，切不可一次性足量饲喂，造成奶牛瘤胃内的青贮饲料过多，酸度过大，反而影响奶牛的正常采食和产奶性能。喂青贮饲料时奶牛瘤胃内的 pH 值降低，容易引起酸中毒。可在精料中添加 13% 的小苏打，促进胃的蠕动，中和瘤胃内的酸性物质，升高 pH 值，增加采食量，提高消化率，增加产奶量。每次饲喂的青贮饲料应和干草搅拌均匀后，再饲喂奶牛，避免奶牛挑食。青贮饲料或其他粗饲料，每天最好饲喂 3 次或 4 次。增加奶牛“倒嚼”的次数。奶牛“倒嚼”时产生并吞咽的唾液，有助于缓冲胃酸，促进氮素循环利用，促进微生物对饲料的消化利用。农村中有很多奶牛户，每天两次喂料法是极不科学的，一是增加了奶牛瘤胃的负担，影响奶牛正常“倒嚼”的次数和时间，降低了饲料的转化

图 24　青贮甜高粱调配后对肉牛进行饲喂实验

率，长期下去易引起奶牛前胃疾病。二是影响奶牛的消化率，造成产奶量和乳脂率下降。冰冻青贮饲料是不能饲喂奶牛的，必须经过化冻后才能饲喂，否则易引起孕牛流产（图 24）。

（4）青贮饲料的饲喂量　饲喂青贮饲料的数量应考虑青贮饲料的种类、品质、搭配饲料的种类、家畜种类、生理状态、年龄等。

72 如何计算青贮饲料的饲喂量？

如果按奶牛每 100kg 体重计算，可喂给青贮饲料 8kg，一头 500kg 重的高产奶牛，每天可饲喂 40kg，再加少量青干草以及精料；一头 300kg 重的育肥肉牛，每天可饲喂 25kg，再加一些蒸煮的碎玉米、棉籽饼、棉籽壳等。饲喂时，初期应当少一些，以后逐渐增多。对于幼畜更要少喂一些，5 月龄以内的犊牛，一般应从牧草中摄取 1/3 的干物质，从谷物中摄取 2/3 的干物质。而且在这种月龄的小母牛，不宜饲喂尿素，对临产前母畜和产后母畜也应少喂青贮饲料，如妊娠最后 1 个月的母牛不应超过 10~12kg/d，临产前 10~12 天停喂青贮饲料，产后 10~15 天在日粮中重新加入青贮饲料。一般生产实践中可参考的饲喂量见表 16。

表 16　不同家畜青贮饲料的饲喂量（玉柱 2003）

家畜种类	适宜喂量 [kg/(d · 头)]	家畜种类	适宜喂量 [kg/(d · 头)]
奶牛	15~20	犊牛（初期）	5~9
育成牛	6~20	犊牛（后期）	4~5
役牛	10~20	羔羊	0.5~1.0
肉牛	10~20	羊	5~8
育肥牛	12~14	猪（1.5 月龄）	开始驯饲
育肥牛（后期）	5~7	妊娠猪	3~6
马、驴、骡	5~10	初产母猪	2~5
兔	0.2~0.5	哺乳猪	2~3
鹿	6.5~7.5	育成猪	1~3

73 饲喂青贮饲料的注意事项有哪些?

（1）先要判断青贮饲料质量的好坏　凭感官分析，就可大体做出判断，颜色青绿或收获时为黄色，贮后变黄褐色亦可；气味带有酒香，质地柔软湿润者为最佳；如果颜色发黑（或褐色），气味酸中带臭，质地粗硬者为劣。发霉的则不应喂用。

（2）青贮饲料完成发酵时间　一般为30~50天，豆科植物的发酵过程需3个月左右。每次取出数量以当天喂完为宜。

（3）饲喂青贮饲料的饲槽要保持清洁卫生　每天必须清扫干净，以免剩料腐烂变质。

（4）注意饲喂数量　青贮饲料具有酸味，在开始饲喂时，有些家畜不习惯采食，为使家畜有个适应过程，喂量宜由少到多，循序渐进。对幼牛及5月龄内的犊牛，要少喂一些青贮饲料，因为犊牛一般从牧草中摄取1/3的干物质，从谷物中摄取2/3的干物质。

（5）及时密封窖口　青贮饲料取出后，应及时密封窖口，以防青贮饲料长期暴露在空气中发生变质，饲喂后引起中毒或其他疾病。

（6）注意合理搭配　青贮饲料虽然是一种优质饲料，但饲喂时必须按家畜的营养需要与精料和其他饲料进行合理搭配。刚开始饲喂时，可先喂其他饲料，也可将青贮饲料和其他饲料拌在一起饲喂，以提高饲料利用率。

（7）处理过酸饲料　有的青贮饲料酸度过大，应当减少饲喂量或加以处理，可用5%~10%的石灰水中和后再喂，或在混合精料中添加0.75%~1.0%的小苏打（碳酸氢钠），以降低胃中酸度。也可以掺入切碎或粉碎的干草或干秸秆，降低酸味。

（8）家畜种类　青贮饲料是牛、羊等家畜的好饲料（图25），但是不可大量用于喂兔。这是由于青贮饲料酸性大，过酸的环境会影响兔盲肠内微生物的生长与繁殖，致使微生物分泌纤维素酶的数量减少，往往造成消化不良，甚至引发酸中毒。一般来说，每只兔的青贮饲料饲喂量为 0.2~0.5kg/d。

图 25　青贮饲料喂羊

（9）青贮时注意尿素的用量　为提高玉米青贮和牧草青贮的粗蛋白含量，一般都把尿素加入秸秆中进行青贮，尿素适宜加入量为 1 000kg 青贮饲料加 5~6kg 尿素为宜，先将尿素溶化后，均匀地喷洒到青贮饲料中即可。若因为尿素摄入量过多造成氨中毒时，牛则反刍减少或停止，唾液分泌过多，表现不安、肌肉震颤、抽搐等症状，不及时治疗则会死亡，最简便的治疗方法是用 2% 的醋酸溶液 2~3L 灌服。

74 什么是全混合日粮（TMR）？

全混合日粮（Total Mixed Rations，TMR）是根据家畜的营养配方，将含有所需营养成分的干草、青贮饲料或其他农副产品等粗饲料、精饲料、矿物质以及维生素等均匀混合而成的一种营养平衡日粮，含水量一般控制为 35%~55%。TMR 技术是一个古老的饲养模式，但它引起奶牛场管理者的重视，并被看成现代化奶牛场智能化管理必不可少的一部分却是近些年的事情。目前，奶牛业发达国家如美国、加拿大、以色列、荷兰、意大利等国普遍采用 TMR 饲养技术；亚洲的韩国和日本，TMR 饲养技术推广应用也已经达到全国奶牛头数的 50% 以上。我国自 20 世纪 80 年代将 TMR 饲养技术引入了国内，现在北京、上海、广州等地的一些大型牛场都已使用了 TMR 饲养技术，并取得了良好的效果。它的使用能够保证奶牛摄入均衡的营养，节省大量的人力和物力，并提高奶牛的生产性能，是奶牛养殖业的第二次革命。

75 什么是 TMR 青贮，其特点是什么？

TMR 青贮是把调制好的 TMR 饲料进行一段时间的密封贮藏，经过乳酸发酵而调制成的全价发酵饲料。其优点是在达到有效保持 TMR 原料的营养价值的同时，通过发酵产生的生物活性物质增加其附加价值，并提高 TMR 的贮藏性，便于 TMR 的商品化和流通性。

基于我国的奶牛饲养模式，现阶段推广和普及 TMR 饲养技术存在着一定的问题，要使占绝大部分的小规模养殖场和养殖户也能应用 TMR 饲养技术，只有通过 TMR 配送服务。TMR 饲料配送是一种新的饲料供给和服务形式，它是指由配送中心就地取材，集中生产不同饲养阶段的 TMR 日粮，再提供给周边的奶牛养殖户，并向养殖户提供 TMR 饲喂相关技术咨询的服务方式（图 26）。

图 26　全日粮饲料制备机调制裹包青贮蔬菜渣 TMR

TMR 日粮一般现配现用，不能久存，而现阶段 TMR 的配送尚不能实现日配送，因此要实现 TMR 的商品化和流通性就需对其进行一定的包装和贮存，即调制成 TMR 青贮后再进行配送和饲喂。青贮后的 TMR 不仅具有 TMR 原有的优点，同时，TMR 通过厌氧发酵可以使一些营养不平衡和适口性较差的副产品得到改善，提高它们的利用率。实践证明，通过青贮可以实现 TMR 在一定时间的有效贮存，进而可以实现 TMR 的流通性和商品化，使一些中、小型养牛场、养殖户也可以用到 TMR 日粮。在 TMR 技术开发应用以前，传统的饲喂方法是粗饲料与精饲料按先后顺序单独饲喂。

与传统的分离饲喂法相比，TMR 具有以下一些优点。

① 避免奶牛挑食。各种粗饲料、精饲料被均匀混合在一起，避免奶牛挑食与营养失衡现象的发生，同时 TMR 日粮还能够保证饲料的营养均衡性。

② 改善奶牛的瘤胃机能。精料能产生大批的酸，需要采食大量的纤维来刺激唾液的分泌，唾液可用来缓冲瘤胃酸度，TMR 的饲喂使奶牛均匀地采食精粗饲料，防止了奶牛在短时间内因过量采食精料而引起瘤胃 pH 值的突然下降，同时使瘤胃微生物处于一个稳定、良好的生存环境，维持了瘤胃微生物的数量和活力，使发酵、消化、吸收及代谢能够正常进行。TMR 饲喂方式使饲料营养的转化率提高，能够有效预防营养代谢紊乱，降低真胃移位、酮血症、瘤胃酸中毒等营养代谢疾病的发生率。

③ 供给瘤胃微生物稳定而平衡的营养成分。TMR 日粮能使蛋白质、能量和纤维饲料同时提供给瘤胃微生物，均衡的营养供应使瘤胃微生物繁殖迅速，加快微生物生长及微生物蛋白的合成。

④ 改善奶牛体况，提高产奶能力和繁殖效率。TMR 是根据奶牛的营养需要配合的日粮，因此能够有效保证日粮中的营养均衡性，减少了偶然发生的微量元素、维生素的缺乏或中毒现象，与传统饲喂方式相比，TMR 饲喂方式可以明显地提高饲料利用率。此外，TMR 饲养技术要求按照产奶量和生理阶段进行分群饲养，能够根据各群的生理状况和泌乳阶段的营养需要来制定日粮配方，这

样就使个体的营养摄入量与需求量相平衡，使奶牛达到标准体况，保证了奶牛不同产乳阶段的产奶性能，提高产奶量、乳蛋白率、乳脂率，同时改善繁殖成绩。

⑤ 饲养管理科学、精确、简单，易于机械作业，提高劳动效率。用于配合 TMR 日粮的每一种原料都是经过精确称量，根据各自的营养成分含量按奶牛所需的营养科学配合，减少饲养的随意性，使得饲养管理更精确。同时，TMR 技术还可以简化劳动程序，让日粮加工和饲喂过程全部实现机械化，使饲喂管理省工、省时，能大幅度提高劳动效率，有利于推动奶牛养殖业向规模化、产业化方向发展。

⑥ 开发饲料资源，降低饲料成本。一些品质较低或带有异味的粗饲料和农副产品单独饲喂时，家畜不太喜食或很少采食，经过 TMR 的调制和加工处理，可以使那些廉价且不易利用的原料得以充分利用，从而降低日粮成本，增加经济效益。

综上所述，TMR 的利用可使家畜饲养管理更科学合理，减少疾病发生，提高生产能力，降低饲料成本，减轻劳动负担等诸多优点。但它也有明显的缺点。

与传统的分离饲喂法相比，TMR 具有以下一些缺点。

① TMR 设备价格高。TMR 的调制要求所有原料均匀混合，青贮饲料、青绿饲料、干草需要专用机械设备进行切短或揉碎。为了保证日粮营养平衡，要求有性能良好的混合和计量设备。TMR 通常由搅拌车进行混合，现阶段购买一台 TMR 搅拌车需要十几万，甚至上百万，一次性投资较大。因此，TMR 饲养方式适用于具有现代化牛舍、饲养管理规范、存栏数量较多的大规模牛场。而中小规模奶牛养殖场和养殖户在利用 TMR 饲喂技术时可以采取以色列和日本的 TMR 配送中心模式。

② 专业技术要求高。TMR 饲养技术在实施过程中，必须准确掌握原料的营养成分变化，经常进行检测，及时对 TMR 进行调整，以满足奶牛的营养需要。还需经常对 TMR 料的营养浓度进行检测，控制其水分含量在正常范围内。因此，TMR 技术的开展必须有专

业的营养技术人员。此外，TMR 机械的正常运行、常见故障的处理和维修等都需要专业的操作和维修管理人员，因此对使用人员的素质要求也较高。

③ 分群饲喂，频繁分群。如果在泌乳早期 TMR 的营养浓度不足，则高产奶牛的产奶高峰有可能下降；在泌乳中后期，低产奶牛如不及时转到 TMR 营养浓度较低群，则奶牛有可能变得过肥。因此，全场奶牛需要根据生理阶段、产奶量等进行分群饲喂，每一个群体的日粮配方各不相同，需要分别对待。

76 TMR 青贮饲料的原料有哪些，如何进行调制？

主要包括：精饲料、粗饲料、副产品，根据不同饲养阶段而进行合理的配比生产 TMR 青贮饲料。

精料：包括能量饲料（玉米、高粱、大麦等），蛋白质饲料（豆粕、棉籽粕、菜籽粕等）及糟渣类（白酒糟、豆腐渣、啤酒糟、果渣等）饲料，含有较高的能量、蛋白质和较少的纤维，它供给奶牛大部分的能量、蛋白质需要。粗料：包括青贮（玉米青贮、秸秆青贮、牧草青贮），青干草（禾本科牧草、豆科牧草等），青绿饲料（青刈饲料等），农作物秸秆（稻草、麦秸、玉米秸等）等。具有容积大，纤维素含量高，能量相对较少的特点。一般情况粗料不应少于干物质的 50%，否则会影响奶牛的正常生理机能。

补充饲料：一般包括矿物质添加剂、维生素添加剂等，占日粮干物质的很少比例，但也是维持奶牛正常生长、繁殖、健康、产奶所必需的营养物质。

副产品：包括一些可供利用的农业、工业副产品，例如：大型蔬菜基地的叶片、根茎，一些苹果渣、酒糟等工业副产品。

调制 TMR 青贮饲料一般情况下采用 TMR 搅拌机进行原料的混

合，混合的顺序通常遵循比重从小到大的顺序依次投入。例如：干草→精料→颗粒粕类→青贮→糟粕、多汁类饲料。搅拌时间一般以全部原料投入后继续搅拌 3~6 分钟，整体搅拌时间以 15~25 分钟为宜。不完全的混合会造成原料混合不均匀而失去 TMR 的整个目的，即要保证奶牛的每一口饲料是均匀和平衡的。搅拌时间过长，缩小饲料尺寸和过分研磨饲料使干草的长度过短，不利于促进反刍咀嚼以刺激瘤胃缓冲，并进一步导致消化不良、真胃移位、蹄叶炎和乳脂率低下，TMR 青贮饲料的水分含量一般控制在 35%~55%，水分过低不利于裹包成型，TMR 青贮饲料的密度降低，原料间空

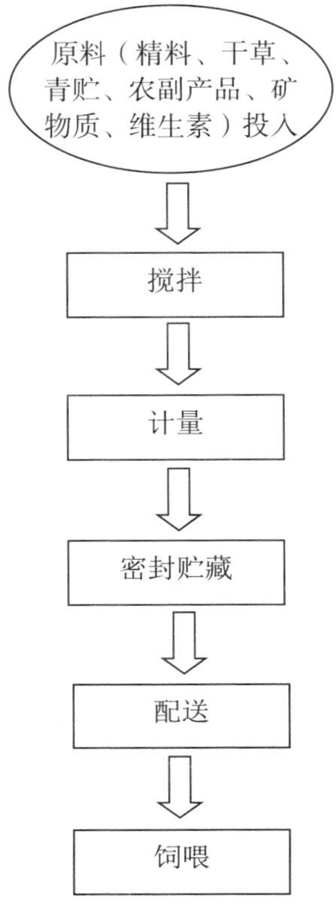

TMR 青贮的作业流程

气残留量大，不利于乳酸菌的迅速繁殖，植物细胞呼吸和其他有害微生物活动持续时间长，青贮料温度升高，养分损失多，同时，水分含量过低，家畜适口性不好，从而限制家畜的干物质采食量；如果水分含量过大，TMR 青贮原料中糖分和汁液过稀，不能满足乳酸菌发酵所要求的浓度，有利于有害微生物的繁殖，使青贮料腐烂变败，品质变次，也会导致家畜干物质采食量降低，还会增加运输成本。调制过程中应进行质量、成分分析，原料水分含量低的情况下加水，冬季温度低的情况下为了促进乳酸发酵可以添加乳酸菌和酶制剂。全部原料投入后继续搅拌 3~6 分钟，整体搅拌时间以 15~25 分为宜。发酵过程中干物质损失 1%~2%，贮藏时间 2~8 周，贮藏及配送过程中注意包装的完整，如有破损透气应立即修补。

77 TMR 青贮饲料配套设备如何选择？

搅拌装置：常见的 TMR 混合搅拌车有立式、卧式；牵引型搅拌车、座型搅拌车等，大部分都配有计算机智能化控制和操作系统，有的厂家的混合机设计有刀片，可以切断长的干草。目前，TMR 搅拌车既有国产的也有进口的，种类较多。搅拌车的选择可以根据 TMR 青贮配送的情况，因场而宜加以选择，一般以固定式 TMR 混合搅拌设备（一般以电动机为动力）为宜。

青贮设备及资材：聚乙烯塑料袋、尼龙外袋、抽真空机，裹包机及其配套动力，青贮专用拉伸膜，打捆专用绳等。

78 TMR 青贮饲料如何进行贮藏和运输？

搅拌好的 TMR 原料，应立即密封、贮藏。贮藏的方式有以下 3 种。

（1）袋式青贮　内袋用聚乙烯塑料袋进行密封，外袋用耐磨、结实的尼龙袋，外袋的侧壁上最好附有便于移动的吊带，而底部有能够开闭的开口（图 26）。

装填密封后，由于发酵可能会产生气体（主要是 CO_2），必要时应放气后再进行密封。这种贮藏方式制造设备装置成本较低，便于长途运输和开封后的保存。但贮藏时间不宜过长，一般不宜超过两个月。

（2）拉伸膜裹包青贮　将剁制好的 TMR 用打捆机高密度压实制成圆捆（或方捆）后，用专用塑料拉伸膜紧紧地把原料裹包起来，造成密封厌氧的环境，从而制成优质的青贮料。这种贮藏方式作业机械化程度高、机动性强、捆包密度高、贮藏效果好、可以长期贮藏、取饲方便，能够实现产品的市场流通。但需要专用的设备和拉伸膜，机械成本较高。

（3）青贮窖（壕）青贮　将调制好的 TMR 按照一般的禾本科牧草或玉米青贮的方式进行装填、镇压并及早密封。这种贮藏方法成本较低，但存在配送时二次分装等问题。

运输时应注意保持塑料内袋以及拉伸膜的完整，防止运输过程中发生破裂或透气，从而导致青贮饲料腐败。另外，为了防止疫病传播，应加强对运输车辆及容器的彻底消毒。

79 玉米青贮饲料现状如何？

青贮玉米早已成为许多畜牧业发达国家草食家畜，特别是奶牛饲养的常备饲料和肉牛育肥的强化饲料，世界各国之所以对发展青贮玉米非常重视，主要是由于青贮玉米产量高，土地利用率高，可以保证周年饲料和养分稳定均衡地供给，有利于畜禽产品的增产，同时青贮玉米生产机械化程度高，易于集中调制，常年喂用，可大大降低饲料成本，显著提高草食家畜养殖的经济效益。

在北美，据美国农业部的统计，美国每年的青贮玉米播种面积达 355 万 hm^2，占全部玉米种植面积的 12% 以上；加拿大青贮玉米播种面积达 190 万 hm^2。

在欧洲，青贮玉米的种植也非常广泛，全欧洲青贮玉米的种植面积大约 400 万 hm^2，青贮玉米达到玉米总种植面积的 80% 左右，法国每年青贮玉米的种植面积 144 万 hm^2，占全国玉米播种总面积的 80% 以上；意大利青贮玉米的面积发展到 50 万 hm^2，年制作青贮玉米饲料 1 500 万 t，占各种饲料总量的 18%；荷兰用于种植青贮玉米的土地达 17.7 万 hm^2，占各类饲料总量的 30% 以上；匈牙利全国每年制作青贮饲料 700 万 t，其中 85% 以上是玉米青贮饲料；俄罗斯青贮饲料中有 80% 是由玉米加工而成的。

在亚洲，日本奶牛和肉牛饲养业过去主要是以青饲料为主，近年来逐渐发展成为常年利用青贮饲料，玉米青贮饲料年产量达 630 万 t；印度人口大约是我国的 3/4，粮食产量不到我国的一半，但是，人均动物性蛋白摄取量却与我国相差无几。这与印度采用的以作物秸秆为支撑的典型“草食型”畜牧业结构密切相关，目前印度牛的饲养量是我国的 3 倍，牛奶的产量是我国的 12 倍。

随着我国畜牧业的快速发展，特别是奶牛养殖业的崛起，使我国玉米青贮业也得到了快速发展。2002 年全国种植饲料玉米达 270万 hm^2，根据我国牛奶业发展的实际需要，即使我国人均用奶量达到发达国家的一半，也至少需要种植青贮玉米 400 万 hm^2（图 27）。

图 27　饲用玉米青贮

80 青贮玉米的品种有哪些，如何进行选择？

玉米被称作“饲料之王”，不仅在于它的籽实可作为饲料，而且茎叶也是草食动物的良好饲草，同时玉米地上生物产量也较高。目前我国玉米品种较多，但用于青贮的品种主要有两类，一是专用型青贮玉米，二是粮饲兼用型玉米（表 17）。

表 17　不同玉米品种产量性状

品种	生育期	株高（cm）	产量（kg/hm²） 鲜重	干重
青贮专用：				
科多 4 号	抽穗期	308.1	84 961.3	20 786.7
科多 8 号	抽穗期	308.6	73 625.1	17 165.1
科青 1 号	蜡熟初期	311.6	74 446.5	22 129.8
东青 1 号	蜡熟期	254.5	88 897.3	—
北农 208	乳熟初期	362.3	99 169.2	24 629.8
阳光 1 号	蜡熟期	231.4	86 904.3	26 672.8
东亚草王	乳熟初期	283.9	73 453.6	17 829.4
东陵白	乳熟初期	347.5	86 139.9	22 848.9
英国红	蜡熟期	327.8	85 518.5	18 336.6
粮饲兼用：				
中元单 32	完熟期	252.2	73 671.7	22 888.5
中单 306	蜡熟期	224.6	89 011.5	18 900.9
中单 18	蜡熟期	229.6	91 783.1	21 715.4
平玉 5 号	蜡熟期	254.3	130 527.9	29 680.0
丰玉 2 号	蜡熟期	288.6	115 005.7	29 894.3
纪元 1 号	完熟期	231.8	100 983.6	25 829.8
农大 86	乳熟初期	262.1	73 332.2	22 236.8
硕秋 8	完熟期	235.9	95 283.3	19 300.9
金山 7	完熟期	237.1	79 375.4	20 672.5
辽原 1 号	蜡熟期	283.2	117 227.2	28 057.8
白丁	乳熟期	237.1	114 391.4	27 929.9

（1）专用型青贮玉米　是指将果穗、茎叶都用于青贮的玉米品种，其特点是植株高大、茎叶繁茂、营养丰富，非结构性碳水化合物（主要是淀粉和可溶性碳水化合物）含量高，木质素含量低，收获时具有较高的干物质产量，与其他青贮饲料相比具有较高的能量和良好的吸收率。目前，青贮玉米有两种不同的类型，一是分蘖多穗型，如科多八号、科多四号、真金 32、墨西哥玉米等；二是单秆大穗型，如中北 410、科青 1 号、东陵白、英国红玉米、北农 208、饲宝 1 号、饲宝 2 号、精饲 816 等。

（2）粮饲兼用型玉米　是在获得较高籽实产量的同时，能提供大量的青绿秸秆用于青贮，在冷凉的地区还可以作为专用型青贮玉米使用，如中元单 32、中单 306、中单 18、平玉 5 号、丰玉 2 号、农大 86、纪元 1 号、硕秋 8、辽原 1 号、白丁等。

在选择青贮玉米品种时应考虑以下因素。

① 植株高大，多分蘖、多叶片、多果穗。

② 丰产性能好，高水高肥具有增产潜力和高产能力。

③ 抗病虫害性和抗倒伏性强。

④ 适口性好，淀粉、可溶性碳水化合物和蛋白质含量高，纤维素和木质素含量低，消化率高。

表 17 中列出 2008 年内蒙古自治区林西县青贮玉米引种试验结果，测定时间为 2008 年 9 月 20 日，供选择品种时参考。

81 如何进行玉米的青贮？

（1）品种的收割时期的确定　青贮饲料的营养价值除与玉米的品种和管理措施等有关外，收割期对营养价值和青贮品质也有重要的影响。适时收割能获得较高的产量和良好的青贮原料。

① 青贮专用玉米的收割时期。玉米收割的最佳时期为乳熟晚期—蜡熟初期，含水量在 65%~72% 较为合理，采用此时收割的玉米制作成的青贮饲料，饲喂奶牛可获得较好的效益。收割过

早，青贮玉米的干物质低，含水量太高，营养物质容易流失；收割太晚，青贮玉米的消化率下降，特别是当含水量低于60%时，青贮玉米不易压实，由于空气含量高而产热，易引起霉变。所以为了获得优质青贮玉米，在收割时应把原料的干物质控制在30%左右。

② 粮饲兼用玉米的收割时期。用于青贮的玉米秸秆在玉米籽实成熟后立即收割，这时玉米秸下部只有少数叶片变黄，含水量在65%左右，适合青贮。如果收割较晚，玉米秸秆尚青绿，但叶片已变黄，此时全株含水量在50%左右，尚可青贮，青贮时可稍洒水，也可不洒水进行半干青贮。在收割时，留茬高度可以适当放高，取其较嫩绿部分进行青贮。

（2）青贮玉米如何切碎　一般要求切碎长度在1~2cm。切碎长度也会影响玉米的青贮质量和利用率，过短则会加大加工成本。在生产上，一是用秸秆揉搓机将玉米青贮原料加工成丝状；二是用多功能粉碎机将其粉碎成丝状和片状；三是用铡草机将其切成小段，生产中应用得较多。切碎机应放置在青贮窖的旁边，便于切碎的青贮玉米原料由切碎机的出料口直接进入窖内。

（3）装填与压实

① 准备工作。青贮原料装填前，要清洁青贮设施，将青贮设施内的杂物清除出去，并在底部垫15~20cm厚的秸秆或干草，以便吸收青贮汁液。窖壁四周最好衬一层塑料薄膜，以加强密封性和防止渗漏。

② 装填。青贮原料应边切碎、边装填。装填时，应逐层装料，每层厚约15~20cm，最厚不要超过30cm，将切碎的玉米叶、茎秆、果穗等混匀，因为果穗、茎秆等往往都落在靠近切碎机出料口旁，而切碎的叶片被风吹到较远的地方，摊平混匀有利于压实。如果是大型青贮容器，在一天内不能装填满的活，应该从青贮窖（壕）的一端开始装填、压实，装好一段密封一段，段与段之间的接口处应做成斜面。当天完工后，应将接口斜坡用拖拉机压实，再用塑料膜盖好，尽量减少切碎青贮原料在空气中的暴露时间。每个

青贮窖的装填时间最好在 2 天内完成，最长不应超过 3 天。

③ 压实。在青贮饲料制作过程中，需要不断装填和压实。装填和压实是一个连续的过程。小型窖可采用人工压实法。如踩踏、夯实等，大中型窖要用拖拉机进行碾压。压实应沿边缘向中间进行，排出原料间隙中存在的空气，迅速形成有利于乳酸菌繁殖的厌氧环境。压得越实越好，特别要注意窖四周及窖角处的紧实度，拖拉机碾实不到处，一定要进行人工补压、踩实。每层装填原料的厚度影响压实效果，以每层装填原料 15cm 的压实效果最好。使用履带式拖拉机可达到更好的压实效果，拖拉机自重越重，压实效果越好。拖拉机的行进速度也影响压实效果，应该让拖拉机缓慢行走，充分碾压原料，碾压速度小于 5km/h。当原料装填完毕后或窖装填满后，仍用拖拉机继续碾压，直到拖拉机轮胎只留下很浅的压痕。

（4）密封　有效及时的密封是确保青贮饲料成功储存，并减少储存损失的关键。当原料装填与长方形窖口等高时，应继续向上填装，使中间高出窖口 50~100cm，呈圆拱形，一般以 45° 为宜。圆形窖顶可做成馒头形，“馒头”的高度应根据窖的大小和窖的宽度而定。装好压实后，在原料上铺上一层 20cm 厚的柔软麦秸、稻草或禾草，然后加盖 30cm 厚的湿土，拍实呈圆拱形或馒头形。若是青贮池，应在原料装满时，沿池四周将塑料薄膜的边缘埋入土中 30cm 左右，池子上方塑料薄膜交叉的部分，用粘胶带封实，再在上面加盖一层塑料薄膜，最后用 30~40cm 厚的湿土加压封好。在封盖后的一周内，应每天检查盖土的状况，注意盖顶的下沉要与青贮原料一同下沉，并将下沉时盖顶上所形成的裂缝和孔隙用湿土及时抹好，以保证高度密封。表 18 列出了一般全株青贮玉米的化学成分。

表 18　全株青贮玉米化学成分　　单位：%

切碎方式	揉切处理	粉碎处理	切断处理
干物质（DM①）	22.13	22.05	22.41
粗蛋白（CP②）	11.35	8.04	9.73
粗灰分（CA②）	5.29	7.17	6.36
中性洗涤纤维（NDF②）	49.57	49.68	50.35
酸性洗涤纤维（ADF②）	33.47	32.92	33.63
酸性洗涤木质素（ADL②）	4.81	4.73	3.98
可溶性碳水化合物（WSC②）	1.93	0.28	0.42
氨态氮（TBN③）	0.038	0.043	0.041
氨态氮 / 总氮（TBN③ /TN）	20.08	3.42	2.60
干物质消失率（DMD）	62.57	53.09	49.71
中性洗涤纤维瘤胃降解率（NDFD）	39.46	36.16	35.42

注：① 表示以 FM 为基础测得；② 以 DM 为基础测得；③ 由浸提液测得

此外，在玉米青贮饲料制作过程中，需要大量的人力和机械设备，并要求在短时间内完成收割、切碎、装填和密封等工序，因此，有许多问题需要注意。

① 要组织好各环节的劳动力和机械分配，做到每个作业环节都要有人负责，当收割的玉米含水量符合青贮要求时，要做到边收割、边切碎、边装填、边压实。不能将收割后的玉米堆放在切碎场地，应该是切碎一车运输一车；更不能将收割后的玉米放到第二天进行切碎装填，当天收割后的原料必须在当天切碎、装填、压实，并覆盖封好。

② 压实是青贮制作的重要工序，没有压实的玉米青贮其营养成分流失严重，且容易腐败。青贮窖地面流出物是含有大量可溶性营养物质的液体，千万不能小看这些液体。如果青贮玉米的含水量较高时，青贮饲料流出物中的营养物质损失可达 10%；当青贮饲

料含水量高于 78% 时，营养物质的损失更为严重。因此，从制作青贮一开始就要压实，边装填边压实，每层以 15cm 厚最好。

③ 压制好的青贮玉米要及时密封，防止二次发酵，一般不要超过 2 天。要经常到窖边查看密封的塑料膜或窖顶上的覆盖物是否受损，盖土是否有裂缝，若发现薄膜被老鼠咬破或被异物扎破或有裂缝，应及时封补。现在有些大型窖贮容器使用塑料膜覆盖，再压上轮胎或其他重物，但往往由于所压轮胎的密度不够或重量不足，表层总有空气残留，导致有害微生物（腐败菌、霉菌、丁酸菌等）的大量繁殖，引起窖内表层青贮饲料的腐败。生产实践中，可以在表层添加防霉抑制剂，包括甲酸、丙酸、甲醛等。

④ 在收割玉米时不要将杂物带入其中，如泥土，在用拖拉机压实时，要先将拖拉机轮胎上的泥土清洗干净，防止拖拉机的油污漏入青贮原料上。

82 青贮饲料喂奶牛有何讲究？

① 质量好的玉米青贮应多喂，质量差的玉米青贮应少喂，挑除霉变的玉米青贮饲料。玉米青贮含有大量有机酸，有轻泻作用，因此不同类别的牛饲喂量不同，为防止流产，妊娠后期的奶牛以少喂为宜。一般泌乳牛饲喂量为 15~30kg/（头・d）；干奶牛一般不超过 15kg/（头・d）；以玉米青贮为主要粗饲料的日粮，应注意氨基酸平衡，玉米青贮日粮限制性氨基酸为赖氨酸，因而日粮中注意补充赖氨酸。我国的玉米青贮质量整体水平不高，因此妊娠奶牛应适当少喂，妊娠后期应停喂，防止引起流产现象。

② 青贮饲料虽是奶牛的最佳饲料，但全年饲喂也不合理，夏秋季节要搭配其他青绿饲草，冬春季节要搭配 10% 的干草，力求多样化。如果在停喂一段时间青贮饲料以后，又开始饲喂时，要逐渐更换，不可一下足量饲喂，以免引起胃肠疾病。

③ 在喂青贮饲料之后不要马上挤奶或不要在挤奶时喂给青贮

饲料，因为青贮饲料对牛奶的味道有影响，一般在挤奶以后再喂青贮饲料为好。

④ 霉坏的青贮饲料不能喂奶牛，虽然奶牛不像其他动物对霉坏或其他腐败的饲料那样敏感，但也会引起消化机能紊乱。冰冻的青贮饲料必须在化冻后使用，万万不可饲喂冰冻的青贮饲料。

⑤ 青贮饲料未经充分发酵，就不要开窖使用。

⑥ 饲槽要保持清洁卫生，饲喂过干草之后的饲槽，要将槽内尘土扫除干净，然后再投喂青贮饲料，以免使牛食用尘土等异物。

83 苜蓿青贮是什么，如何进行青贮？

苜蓿被称作牧草之王，其蛋白含量高，产量好，可以作为青贮的优质原料。

（1）苜蓿青贮特点　与调制干草相比，苜蓿青贮不但营养成分损失少，而且牧草的机械损失量最低。可保持青绿饲草的营养特点，适口性好，消化率高，家畜喜食，而且调制方便、易于保存。在北方一些地区，当进入仲夏，便进入降雨集中季节，此时也正是苜蓿的收获季节，往往容易使收割的苜蓿遭受雨淋，影响牧草品质，给调制干草带来一定的困难。有时候降雨后连续 2~3 天阴天，收割的苜蓿极易腐烂或损失殆尽。采用人工干燥的办法生产草捆或脱水苜蓿草可不受雨水的影响，生产出高品质的草产品，保持了青鲜苜蓿原有的营养特点。但由于所需要的设备价格昂贵，并要消耗大量能源，只能在有限的范围内应用。

（2）苜蓿青贮方法　苜蓿青贮多采用低水分青贮，即牧草含水量在 40%~60% 时青贮效果最好。可切碎青贮亦可整株青贮；青贮设施可用塑料袋装青贮、包裹青贮或用窖池、青贮壕和青贮塔青贮。苜蓿切碎青贮既科学又实用，可调制出优质的青贮饲料。大多利用窖池贮或壕贮，也可进行塑料袋青贮和包裹青贮。整株青贮技术可在苜蓿能收获两茬草且第一茬草生长量较小，高度在

50~70cm 时应用较好。整株青贮可用窖池青贮，也可包裹青贮或袋装青贮，包裹青贮或袋装青贮的方法比较适合进行整株青贮。苜蓿塑料袋青贮和包裹青贮多用于规模化生产草产品或在水平较高的养殖场应用，国外应用比较广泛。我国广大的北方农区、牧区和半农半牧区使用，操作简便，生产成本低，经济适用。

（3）苜蓿青贮操作流程　苜蓿切碎青贮，容易踩实，发酵效果比较好，可防止贮料变质；同等体积的青贮设施贮量较大，取料及饲喂方便。下面针对几种常见的青贮方式进行详细介绍。

① 苜蓿窖（池）青贮作业程序包括准备青贮设施、收割苜蓿、晾晒、切碎、装填压实和封盖。一是准备好青贮设施。修建青贮设施时可根据地下水位情况、饲养家畜的数量、今后的发展规模及饲草的利用方式等确定青贮设施修建的形式、形状和大小，采用砖砌、石砌或水泥、沙石浆浇铸均可。一般根据地下水位可修建半地上式和地下式青贮窖、青贮壕，完全地上的青贮塔；青贮窖的形状可以为圆形、方形、长方形；根据饲养规模确定青贮窖和青贮壕的大小和数量。当苜蓿的贮量为 0.5 万 ~2.5 万 kg 时，青贮窖可修建为圆形，容积为 20~100m^3，可建 1~3 个窖，使用和管理起来都比较方便。贮量达到 2.5 万 ~20 万 kg 时，须修建 1~2 个青贮壕，贮量大，可利用机械镇压，装填和取料都比较方便。二是收割。苜蓿适宜收割时间非常重要，收割过早或过晚都会影响牧草的产量和品质。青贮苜蓿的收割时间，可根据饲喂畜种的不同和刈割次数不同来确定，用来饲喂奶牛时，应在初花期至盛花期刈割；饲喂肉牛和羊时在盛花期刈割，饲喂幼畜或怀孕母牛，在孕蕾期至初花期刈割，饲喂猪禽时在分枝期至孕蕾期刈割；一年收获 2 茬以上地区，青贮的第一茬苜蓿，刈割时间一般不要超过初花期。第二茬可在盛花期前后刈割青贮。在适宜收割期人工或机械割倒苜蓿，集成 1m 宽左右的草垅或小堆。三是晾晒。在田间自然状态下，将苜蓿茎叶内的含水量晒至 40%~60%，一般来讲，在内蒙古等地区的气候条件下晾晒 3~5 小时，苜蓿晾干至叶片卷为筒状，叶柄易折断，压迫茎秆能挤出水分，此时切碎入窖，其茎叶含水量约在 50%。在

赤峰市林西县等地区，由于气候干燥，苜蓿的含水量较低，在田间割倒苜蓿、拉回，再经过切碎到装窖，苜蓿的含水量正好达到50%~60%，基本不用在田间晾晒。四是切碎。将晒好的苜蓿由田间运回，切成3~5cm的碎段入窖。五是装填与压实。分层装填原料，分层压实，每装填20~30cm压实一次，小型贮窖人工踩实，大型的青贮壕用拖拉机压实，压实过程中注意拖拉机压不到的边角。贮料腐烂变质往往是边角踩压不实透气造成的，所以青贮壕的边角要人工踩实。六是封盖。苜蓿青贮每立方米装填400~500kg，装填完毕，贮料高出窖口50cm时，做成馒头状，青贮壕则做成屋脊状，上面盖塑料膜，膜上盖潮湿土20~30cm即可，也可用鲜牛类代替土盖在上面，并注意将四周密封好。生产实际中，无论是苜蓿窖贮或壕贮，封顶时需要盖20~30cm厚的土，无论是覆盖或清除时，都非常麻烦，还容易混入青贮饲料中，污染发酵好的青贮饲料。可采用水泥制块压盖，水泥制块大小为：长 × 宽 × 厚 = 100cm × 50cm × 10cm 或 60cm × 40cm × 10cm，水泥制块挨紧、水平排放在塑料膜上，可覆盖一层或二层；奶牛或肉牛养殖场还可用鲜牛粪压盖，厚度为10~20cm，当贮料发酵好后，正好牛粪晾干制成粪砖，用于燃料或肥料。使用上述两种材料覆盖时，要特别注意压封好边缘，防止透气透水（图 28）。

图 28　苜蓿青贮

② 塑料袋青贮。苜蓿收割、晾晒、切碎等生产工序与窖贮基本相同，不同的是将切碎的青贮料装填到塑料袋中，其生产的关键环节是塑料袋的选择：可选择用市场上1.0m×1.8m的成品青贮袋或宽1m、厚0.08mm以上的筒状塑料薄膜按青贮量的多少裁剪长度，用绳捆牢或用封口机封严一端即可。一是装袋。首先检查青贮袋的完好性，应无破损，封口一端是否漏气，然后选择人畜不经常到的场地或贮草库，打扫干净，拉开青贮袋边装边摇边压实，装满后收口扎紧。二是装填注意事项。装袋后整齐堆放在墙角或较安全的地方，经常检查青贮袋是否被人或鼠虫等损坏，一经发现，立即用胶带纸修补。贮藏15~30天后即可使用。

③ 苜蓿裹包。青贮拉伸膜裹包青贮是目前世界较先进的青贮技术，也是低水分青贮的一种方式。一是裹包。将切碎的苜蓿打捆压实，主要目的是将贮料间的空气排出，最大限度地减少苜蓿被氧化的程度。该工序是由打捆机来完成的，一般草捆重量为500~600kg/m^3，压缩率为40%左右。然后用裹包机械将草捆用专门青贮塑料拉伸膜包裹，经过30天左右完成发酵。二是特点。拉伸膜裹包青贮的优点是节省人力，即使单独一人也能操作。目前市场上已有多种圆捆机、圆捆裹包机和多种规格的专用拉伸膜，可以根据需要选择机型和规格。收获过程中营养物质损失少，具有半干青贮料的优点，操作方便易行，调制和贮存地点灵活，可在田间、草地等任何地方制作。无须固定青贮设备，不发生二次发酵的危险，便于贮运。

④ 地面堆贮。目前国外应用较为广泛，地面堆贮生产成本低，技术简单，易操作，但对场地要求比较严格。选择平坦、干净的场地，如水泥地面、砖砌地面等，上铺一层塑料膜，将切碎的苜蓿堆在一起，采用拖拉机进行压实，每堆一层，压实一遍，一般大堆贮高度达到2m左右，小堆青贮达到1.5m左右，压实后用塑料膜盖严，上压重物，防止漏气。地面堆贮适合在内蒙古等地区秋季青贮第二茬苜蓿，此时气候凉爽，降雨量少。正是第二茬苜蓿收割季节，比较适宜进行苜蓿地面堆贮。

⑤苜蓿草捆青贮。草捆青贮技术是国外普遍应用的青贮技术，制作好的青贮草捆密度大，体积小，方便运输、保存和饲喂。此种方法青贮的苜蓿品质好，保持了新鲜牧草的营养成分，降低了粗纤维的含量，提高了牧草的消化率和适口性，而且成本较低。从包装上主要分两种方式。一是袋装。将苜蓿割倒、晾晒到含水量为60%左右，用拣拾压捆机将苜蓿压制成形状规则、紧实的大圆形草捆，重量为500kg。将压制好的草捆装入塑料袋中，选择适当场地将草捆垛好，再将袋口扎紧，不能漏气，即完成青贮过程。也可做成小方草捆，堆成小垛，用大塑料膜覆盖。二是拉伸膜裹包。在形成草捆的基础上，采用专用的裹包机，用青贮专用拉伸膜将草捆紧紧包裹起来，然后在畜舍附近找适当的地方堆放好即可。目前我国生产中采用一种小型圆草捆成套机械设备，由上海凯玛新型材料有限公司出售的MP550型系列设备，包括小型打捆机和小型裹包机。生产的草捆直径55cm，高52cm，每个草捆重量为40~50kg，适合奶牛等养殖专业户使用。

具体操作：将收获的苜蓿（水分含量50%~65%），运到场院等适宜场所将苜蓿草先在捆草机上用塑料丝捆成圆柱形，也可用捡拾打捆机在田间直接打捆，将打捆的苜蓿再用拉伸膜青贮裹包机紧紧裹包起来，以外缠塑料膜3层最佳，形成密封状态进行发酵。每个裹包后的草捆约重40kg，一般裹包好的草捆30天后即可饲用，如果发酵良好而且无空气侵入，草捆就可长期贮藏。裹包青贮后的苜蓿呈茶绿色，气味微酸，pH值为5.0~5.5，叶脉清晰，枝叶整齐，无养分损失。苜蓿草捆裹包青贮可形成商品生产，就地利用或异地流通，并可调剂紫花苜蓿常年供应，并保证在雨季收割的苜蓿草不出现腐烂现象。

注意事项：应注意定期检查，发现破洞应及时修补。一是水分含量要符合半干青贮要求；二是草捆密度越大越好，而且尽可能做到密度均匀一致；三是草捆与塑料袋之间的空隙不应太大，以“贴身”为最佳，以减少袋内空气残留；四是选择结实和具有柔韧性的优质塑料袋；五是要防止鼠虫害和其他因素的危害。

84 如何进行苜蓿的混贮？

（1）混贮原料选择　苜蓿蛋白质含量高，碳水化合物含量较低，因此，不利于青贮饲料的发酵。生产实践中苜蓿可以与青、黄玉米秸秆、甜菜叶、禾本科牧草、天然牧草、胡萝卜或饲用甜菜等进行混合青贮。所选择的混贮原料含糖量均高于苜蓿，可补充苜蓿含糖量的不足，促进乳酸发酵，提高青贮饲料发酵效果和品质。此外苜蓿还可以与豆科牧草如尖叶胡枝子、华北驼绒藜等混贮。

（2）混贮比例　一般为苜蓿：禾草 =1：1 或 2：1，苜蓿：其他牧草 =1：1 或 1：2。

（3）关键技术　牧草在收获时以苜蓿收获时间为准，边切碎、边混合均匀两种或三种原料、边装窖，或边切碎边装窖，两种原料分层装填，装一层苜蓿，装一层禾草等其他牧草，每层厚度为 10~20cm，逐层压实。

85 如何使用苜蓿青贮添加剂？

苜蓿由于含糖量较低，因此在青贮时加入玉米面、蜜糖等增加其含糖量，可促进乳酸发酵，保证青贮质量；加入盐可以防止腐败菌的繁殖；加入乳酸菌或酶制剂等微生物发酵剂可提供大量乳酸菌，快速生成乳酸，抑制其他有害微生物的繁殖，提高青贮料品质。提供酵母菌、芽孢杆菌可促进乳酸菌的快速繁殖和增加青贮料中的益生菌数量；制剂中所含的消化酶可使青贮料中部分多糖水解成单糖，有利于乳酸菌发酵。操作过程中，边装窖边撒入玉米面、盐或蜜糖，几种添加物分别占原料重的 1% 左右即可。微生物制剂可按产品说明添加。

苜蓿青贮后，因为时间正好在气候温暖时期，所以需要 15~20

天的时间就能发酵好，可以开窖饲喂。有腐臭味的贮料不能饲用。青贮料当天取出，当天喂完，取完贮料后把取料的截面盖好，小型窖池同时把窖口盖严，防止二次发酵。初喂家畜时，用量不宜过大，应逐渐增加饲喂量。怀孕母畜后期不易多喂。苜蓿青贮饲料制成后，饲喂量可参照青鲜苜蓿饲喂量，家畜对青贮饲料逐步适应后，喂量可达到青鲜苜蓿饲喂量的50%~80%。每头（只）畜禽每天苜蓿青贮饲料适宜的饲喂量是：泌乳奶牛及育肥期肉牛15~25kg；干乳期奶牛和架子牛10~15kg；马、驴、骡8~10kg；绵羊2~3kg；山羊1.5~2.5kg；小尾寒羊2.5~4kg；繁殖母猪3~5kg；架子猪1.5~3kg；成年公猪3~4kg；鸡、鸭、鹅100~400g。赤峰市林西县新城子镇奶牛养殖户任启东2007年7月青贮苜蓿20万kg，苜蓿的生育期处于盛花期末，每头泌乳奶牛日饲喂量为10kg，饲喂苜蓿青贮后，每头牛少喂精料1.5kg，产奶量基本不变，但乳脂率和乳蛋白含量均高于不喂苜蓿组。

86 苜蓿青贮饲料质量评价方法有哪些？

（1）感官评价　对苜蓿、苜蓿＋采禾、苜蓿＋青宝Ⅱ号、苜蓿＋益生康青贮的气味、结构和色泽进行评价（表19）。

表19　苜蓿青贮感官评价

添加剂	气味	结构	色泽	总分	等级
苜蓿	酸味很浓，有刺鼻的酸味或霉味	叶子结构保持较差，发现有轻度污染	变色严重，成墨绿色或褐色	6	3级中等
苜蓿＋采禾	有微弱的酸臭味或较弱的酸味，芳香味弱	叶子结构保持良好	略有变色，成淡黄色或浓褐色	15	2级尚好

（续表）

添加剂	气味	结构	色泽	总分	等级
苜蓿 + 青宝Ⅱ号	有微弱的酸臭味或较弱的酸味，芳香味弱	叶子结构保持较差	略有变色，成淡黄色或浓褐色	7	3 级中等
苜蓿 + 益生康	有微弱的酸臭味或较弱的酸味，芳香味弱	叶子结构保持较差	略有变色，成淡黄色或浓褐色	13	2 级尚好

（2）发酵品质分析　苜蓿整株青贮料发酵时间比切碎青贮稍长，可达到 35~40 天，饲喂量相同。在赤峰市北部林西县等地区，第一茬苜蓿青贮发酵好后，正好可以补充 7—9 月奶牛缺少玉米青贮饲料和青鲜牧草的不足，是一项非常实用的科学技术。

测定苜蓿、苜蓿 + 采禾、苜蓿 + 青宝Ⅱ号、苜蓿 + 益生康青贮饲料 pH 值和有机酸的含量见表 20。

表 20　添加剂对苜蓿青贮发酵品质的影响（各有机酸占总酸的比例 %）

添加剂	pH	乳酸（LA）	乙酸（AA）	丙酸（PA）	丁酸（BA）	总酸（TA）	评价结果
苜蓿	5.12a	56.54Dd	40.68aA	1.55Bb	1.23aA	21.39	可
苜蓿 + 采禾	4.18c	77.31aA	21.61cD	1.08dC	0	53.81	优
苜蓿 + 青宝Ⅱ号	5.08a	59.52cC	36.69bB	2.98aA	0.81bB	55.39	良
苜蓿 + 益生康	4.48b	74.94bB	23.62cC	1.44cB	0	46.90	优

注：同列比较，不同字母表示 $P<0.05$，不同大写字母表示 $P<0.01$

（3）营养成分　测定苜蓿原料和苜蓿、苜蓿 + 采禾、苜蓿 + 青宝Ⅱ号、苜蓿 + 益生康青贮饲料的营养成分含量见表 21。

表 21　添加剂对苜蓿青贮营养成分的影响　　单位：%DM

添加剂	干物质（DM）	粗蛋白（CP）	粗脂肪（EE）	粗纤维（CF）	酸洗纤维（ADF）	中洗纤维（NDF）	粗灰分（Ash）
原料	37.37 ± 0.04a	18.98 ± 0.00d	1.83 ± 0.02d	28.30 ± 0.01ab	39.99 ± 0.00a	43.37 ± 0.01b	6.27 ± 0.01e
青贮	34.33 ± 0.00d	18.52 ± 0.03e	2.66 ± 0.01b	23.71 ± 0.04d	38.23 ± 0.03c	43.13 ± 0.00c	7.41 ± 0.03b
加采禾	37.37 ± 0.01ab	19.90 ± 0.03b	2.97 ± 0.03a	21.61 ± 0.03c	33.79 ± 0.01d	37.09 ± 0.02d	7.23 ± 0.03c
加青宝Ⅱ号	35.18 ± 0.01c	20.65 ± 0.00a	1.48 ± 0.01e	28.74 ± 0.00a	39.48 ± 0.12ab	46.46 ± 0.04a	6.36 ± 0.00d
加益生康	32.49 ± 0.02e	19.78 ± 0.06bc	2.5 ± 0.03c	21.31 ± 0.03ce	33.71 ± 0.03ce	36.94 ± 0.03e	8.80 ± 0.06a

注：同列比较，标有相同小写英文字母表示差异不显著（$P>0.05$），有不同小写英文字母表示差异显著（$P<0.05$）

87 甜高粱如何进行青贮?

近几年来，我国奶牛养殖业发展很快，但目前整个奶牛养殖企业均以青贮玉米（Zea mays）为主要粗饲料。随着经济的发展、人口的增加，耕地面积不断减少，能源危机和粮食短缺问题日渐凸显。甜高粱（Sorghum dochna）作为一种有多重用途的作物，其茎秆能用作牧草、干草、青饲料和青贮饲料，可以缓解畜牧业饲草不足的现状；茎秆中的糖还可以用来生产乙醇，用作新型燃料；其渣可用来制酒、制糖、造纸等。其综合利用潜力大，对农业生态系统的良性循环有很大的意义。甜高粱茎秆富含糖分，营养价值高，是世界上生物学产量最高的作物之一。甜高粱具有很强的适应性，而且作为奶牛饲料具有明显优势。但甜高粱作为牛羊主饲品种才慢慢被牛羊场接受，其青贮的技术正在不断地改进摸索。下面就目前甜高粱推广种植后进行的青贮技术进行介绍（图 29）。

图 29　甜高粱种植和裹包青贮

收割：根据研究结果，甜高粱在灌浆期、乳熟期和完熟期整株干物质产量分别为 14.2、18.0、15.0t/hm^2。籽粒产量分别为 2.6、5.6、6.4kg/hm^2；完熟期籽粒产量最高，但此时期的粗纤维含量较高，动物消化率下降，因此将青贮甜高粱在乳熟晚期通过收获机械进行收获为宜。

切短：收割后的甜高粱晒至水分 60%~70% 时切短，喂牛的茎和叶片可切成2~3cm，喂马、羊、猪、禽可切成1~2cm，对老弱幼畜应切得更短，以便于家畜咀嚼，促进营养物质的消化吸收。

装填：将食盐磨成细末，按照甜高粱添加量的3%~5%进行添加；乳酸菌干粉按3g中加入2L清水的比例混合后，放置2小时左右，每吨青贮甜高粱上喷洒2L左右；每吨甜高粱添加尿素2.5~5kg；将甜高粱与食盐、乳酸菌、尿素混合均匀进行装填。装填时为了防止漏气，在青贮窖四周铺上塑料薄膜，原料装填到高出窖口1~1.5m为止。青贮时添加不同的添加剂对青贮效果有不同影响。

密封：乳酸菌活动的最适温度范围为20~30℃，发酵温度控制在19~37℃，当甜高粱添加至青贮窖口30cm时，用塑料薄膜铺盖后再压土30~50cm，拍实。

品质评定：一般青贮较好的原料颜色为绿色或黄色，有一种酸香味，茎叶质地柔软，湿润；中等品质的青贮原料颜色呈黄褐色或墨绿色，有一种刺鼻的酸味；若颜色为褐色或黑色，质地易松或茎、叶等结构破坏，有苦味或腐臭味，则判定为劣质。

饲用甜高粱饲喂注意事项：饲用甜高粱在苗期含有氰糖苷，在生长过程会产生氢氰酸，氢氰酸有毒，牲畜饲用后会有中毒的危险。有报道称，饲料中氰化物的浓度超过200mg/kg时会对动物产生毒害。饲用甜高粱做成青贮饲料后氢氰酸会分解，不会对牲畜产生不利影响。甜高粱中含有抗营养因子单宁，它可以影响动物的消化吸收，甜高粱籽实作为精料饲喂动物时可用加热的方法减少单宁的含量，饲喂时最好和其他饲料配合使用。

88 禾草青贮应该注意的问题有哪些？

（1）收获期及含水量的要求　北方大部分地区栽培的禾本科牧草至少可收获两茬草，禾草适宜的收获期为孕穗期或抽穗期至开花初期。在赤峰市林西县栽培的林西直穗鹅观草、垂穗披碱草、无芒雀麦等几种禾草，孕穗期收获第一茬草，收获时间一般在6月中旬；开花初期收获第一茬草，收获时间在6月下旬。第二茬牧草收获时间均在9月中旬。自然状态下测定其孕穗期和开花期第一茬和第二茬牧草的含水量，孕穗期第一茬牧草含水量在69.79%~72.20%；第二茬牧草含水量在51.04%~60.32%。开花期第一茬牧草的含水量在66.43%~70.32%；第二茬牧草含水量在53.23%~60.0%。第一茬牧草可进行常规青贮，第二茬牧草进行低水分青贮。

（2）如何选择禾草青贮方法　禾草由于草质柔软，含糖量较高，含水量适中，所以适合用窖池青贮、塑料袋青贮和裹包青贮（图30）；可将原料切短青贮或整株青贮；还可与苜蓿等豆科牧草混贮。禾草青贮方法和工艺流程与玉米青贮、苜蓿青贮基本相同。由于禾草草质较柔软，所以切短的长度为5cm左右；第二茬牧草青贮，可调节水分含量至65%左右，亦可直接进行半干青贮；与苜蓿等豆科牧草进行混贮效果更好。

图30　黑麦种植与裹包青贮

88 什么是非常规饲料？

非常规饲料是一个相对的概念，不同地域不同畜禽日粮所使用的饲料原料是不同的，在某一地区或某一日粮中是非常规饲料原料，在另一地区或另一种日粮中可能就是常规饲料原料。

一般的，非常规饲料资源是指在传统的动物饲养中未作为主要饲料使用过、或家畜家禽商品饲粮中一般不用的饲料。非常规饲料是一类畜禽可饲用的物质资源。如农作物秸秆、食品厂的渣液、屠宰厂下脚料、畜禽粪便等均为常见的非常规饲料。秸秆焚烧一方面污染了环境，另一方面可能导致火灾带来其他社会损失。食品厂排出的废渣、废液严重污染了环境。畜禽粪的过多堆积和处理不当也破坏了环境。

长期以来，粮食一直占常规饲料的80%，在提供畜产品的过程中占有相当重要的地位。随着人民生活水平的不断提高，人们对畜产品的需求日益增大。因此，粮食作为常规饲料的供需缺口越来越大，过度的依赖粮食来用作饲料已不能满足畜牧业发展的需要。部分非常规饲料从营养角度来看，有较高的营养价值，可补充家畜所需的蛋白质、矿物质、微量元素等。同时，用非常规饲料来代替部分常规饲料，又可降低饲料成本，获得可观的经济价值。

开发非常规饲料，是降低畜禽饲养成本、提高经济效益的一条重要途径。我国非常规饲料资源数量大、种类多、分布广，资源总量愈10亿t，有的营养价值也很高。非常规饲料资源是农作物秸秆、食品厂排出的废渣、废液及畜禽粪便等，这些物质如果经过加工处理，大部分具有较高的营养价值，可补充家畜所需的蛋白质、矿物质、微量元素等。

总的来说，我国人多地少、饲料短缺，随着我国养殖业和饲料工业的发展和人口的不断增加，对粮食的需求量越来越大，饲料资源匮乏已成为制约畜牧业发展和影响生产效率的重要因素，人畜争粮的矛盾将日益突出和饲料生产带来的环境影响等都要求我们积极开发利用新的饲料资源。应切实加强对非常规饲料质量安全的监管，消除饲料生产、经营和使用中的各种安全隐患，实现饲料业可持续发展。

89 非常规饲料如何进行分类？

非常规饲料原料主要来源于农副产品和食品工业副产品，是重要的饲料资源。常见的非常规饲料资源：农作物秸秆、秕壳、林业副产物、槽渣、废液类饲料糟渣、非常规植物饼粕类、动物性下脚料饲料、粪便再生饲料资源、矿物质饲料及其他。按照它们的营养特性，主要分为非常规能量饲料原料、非常规植物蛋白饲料原料、非常规动物蛋白饲料原料和食品工业副产品等四大类。

（1）*农作物秸秆、秕壳*　我国每年的秸秆与秕壳产量十分巨大。这类饲料主要包括水稻秸秆和秕壳、小麦秸秆和秕壳、玉米秸秆和玉米芯、高粱秸秆和秕壳、谷子秸秆和秕壳、大豆秸秆和荚壳、薯干、薯秧、花生蔓等（图 31）。秸秆的主要成分是粗纤维，矿物质含量也较丰富。目前这类资源主要通过物理加工、化学及微生物发酵处理方式，可分解其中的粗纤维为单糖或低聚糖供动物利用，而且可改善适口性，提高蛋白质含量。甘薯含淀粉16%~26%，单喂营养不全，生喂不易消化吸收，因此，甘薯应煮熟后与配合饲料和青饲料混喂。将玉米、油菜、水稻及豆科作物的秸秆和籽壳风干后再加工成粉状。饲喂前用水浸泡 8~12 小时，待其软化后，再与青饲料或配合饲料混喂。也可将秸秆、籽壳经碱化、氨化青贮等处理后饲喂。

图 31　玉米秸秆、高粱秸秆、甘薯

（2）林业副产物　主要包括树叶、树籽、嫩枝和木材加工下脚料（图 32）。采摘的槐树叶、榆树叶、松树针等蛋白质含量一般占干物质的 25%~29%，是很好的蛋白质补充料；同时，还含有大量的维生素和生物激素。树叶可直接饲喂畜禽，而嫩枝、木材加工下脚料可通过青贮、发酵、糖化、膨化、水解等处理方式加以利用。槐叶、柳叶、榆叶等多种树叶可直接采来喂牛羊等反刍家畜，用于喂猪、鸡则需加工成叶粉再配入饲料中。山桃、核桃、李子树等树的叶片有苦涩味，适口性差，应将这些树叶经青贮或发酵处理后适量搭配饲喂。嫩叶一般可打浆鲜喂（紫穗槐及桃叶等不宜生喂）。将大量采集的树叶及时晾干，或用烘干机（温度为 50~60℃）烘干、粉碎，然后装入塑料袋置于阴凉干燥处储藏备用。

图 32　树叶、树籽、嫩枝

（3）槽渣、废液类饲料槽渣　主要包括酒糟、酱油糟、醋糟、玉米淀粉工业下脚料、粉丝尾水、果渣、柠檬酸滤渣、糖蜜、甜菜渣、甘蔗渣、菌糠等（图 33）；废液主要指味精、造纸、淀粉工业、酒精、柠檬酸废液等。菌糠、粉浆蛋白、全价干酒精、啤酒酵母等可作为蛋白质饲料；酒糟、酱油糟、甜菜渣、饴糖糟、柠檬酸渣、某些药渣、废糖蜜等可作能量饲料；纤维含量高的甜菜粕、果渣、甘蔗渣、柠檬酸渣等可作为反刍动物的饲料。造纸废渣、味精废液、淀粉渣等渣液可用来生产蛋白质饲料。

豆渣　白酒糟

啤酒糟　醋糟

图 33　常见糟渣

① 豆渣。生豆渣含抗胰蛋白酶，抗胰蛋白酶会阻碍畜禽对蛋白质的消化吸收，因此必须煮熟后再喂，否则易引起畜禽腹泻。豆渣缺乏维生素和矿物质，因此应与精、粗饲料及青饲料合理搭配，且用量不超过饲料总量的 30%。变质的豆渣绝对不能饲喂。

② 酒糟。酒糟富含粗蛋白质、B 族维生素、钾、磷酸盐，但含钙少，且有酒精残留，因此必须与青饲料和配合饲料搭配饲喂，且不宜饲喂孕畜。

③ 苹果渣。我国是世界上苹果产量最大的国家之一，可年产苹果渣约 100 万 t。目前，苹果渣除少量被用于深加工外，绝大部分被遗弃。这样不仅浪费了资源，还严重污染了环境。苹果渣由

果皮、果核和残余果肉组成（大约果皮、果肉占 96.2%，果籽占 3.1%，果梗占 0.7%），含有可溶性糖、氨基酸、维生素、矿物质和纤维素等多种营养物质，营养丰富，适口性好，具有开胃健脾的功效，是良好的多汁饲料资源。据测定，苹果渣的总能值比麦麸高 1.02MJ/kg，粗蛋白含量比甘薯干高，Ca、P、微量元素、氨基酸含量与甘薯干较为接近，铁含量是玉米的 4.9 倍，赖氨酸、蛋氨酸和精氨酸的含量分别是玉米的 1.7 倍、1.2 倍和 2.75 倍，维生素是玉米的 3.5 倍，在无氮浸出物中总糖占 15% 以上。苹果渣还含有丰富的果酸、果胶、果糖，有利于微生物的直接吸收和利用（表 22）。

表 22　苹果渣成分表

含水量	干物质中含量（%）						微量元素含量（mg/kg）				
	粗蛋白	粗脂肪	粗纤维	粗灰分	钙	磷	Cu	Fe	Zn	Mn	Se
7.800	6.2	6.8	16.90	2.300	0.060	0.050	11.8	15.8	15.4	14.0	0.08

根据我国畜禽饲养水平及其饲料情况，苹果渣一般对幼畜和家禽的消化有不良影响，应少饲喂。鲜苹果渣含水量较大，能量相对较低，因此饲用量不宜过大，可占日粮的 1/3 为宜，主要用于奶牛、奶山羊和肥育猪。同时鲜苹果渣酸度较大，pH 值为 3.5~4.8，饲喂前可用食碱进行碱中和（食碱用量为鲜果渣的 0.5%~1.0%），再与混合精料拌在一起饲喂，以增强其适口性。苹果渣干粉使用较为广泛，但也应控制饲喂比例，在配合饲料中的比例为：仔猪日粮占 3%~7%、育肥猪 10%~25%、雏鸡日粮占 2%~4%、育成鸡 5%~10%，蛋鸡 3%~5%、牛羊精料补充料中占 10%~25%。

④ 醋糟。醋糟成分是稻壳、麸皮、米渣等，水分含量占 72% 以上，呈弱酸性。为了解决醋糟的污染问题，通过高温发酵杀死了有害微生物的同时，也留下了大量微生物死体，增加醋糟粗蛋白含量。最后，经过科学加工，成为营养丰富的生物饲料。醋糟本身含

有丰富的蛋白质、有机质、氮磷钾等微量元素，经过加工可做成动物饲料，新鲜的醋糟可以直接掺入全价饲料中喂养。可常年饲喂，能显著提高家畜的抗病能力，提高饲料适口性，增强食欲，减少肠道疾病发生，减低饲养成本，给养殖户带来更大的经济效益。

（4）非常规植物饼粕类　主要有芝麻饼、花生饼、向日葵饼、胡麻籽饼、油茶饼、菜籽饼、橡胶籽饼、油棕饼、椰子饼等。对于花生饼、芝麻饼、向日葵饼以及橡胶籽饼等不含毒素的饼粕，可直接作为蛋白质饲料；而油茶籽、茶籽饼粕等因含有毒素需经水解、膨化、酸碱处理、发酵等方法脱毒后再利用。

向日葵饼粕是指以向日葵仁（带部分壳）为原料，以压榨法或浸提法不同的工艺去油后的一种副产品。其营养价值主要取决于脱壳程度，利用向日葵榨油时，一般脱壳程度不等，完全脱壳的向日葵仁饼粕营养价值很高。向日葵饼粕粗蛋白质含量不高，但其中的蛋氨酸含量相对较高（0.6%~0.7%），高于大豆饼粕、棉仁饼粕和花生饼粕。赖氨酸和蛋氨酸的消化率高达90%，与大豆饼粕相当。对于饲喂产蛋鸡有一定的利用价值。脱壳良好的向日葵仁粕粗纤维含量在12%左右，可利用能值高，其代谢能水平可达10.04MJ/kg。向日葵饼粕的粗脂肪含量随榨油方式的不同变化较大（2%~7%），其中脂肪酸约有50%为亚油酸。向日葵饼粕中胡萝卜素含量低，但B族维生素含量丰富，高于大豆饼粕。其中烟酸在所有饼粕类饲料中最高（200mg/kg以上），是大豆饼粕的5倍多。硫胺素（10mg/kg以上）和胆碱（约2 800mg/kg）含量也很高。常量元素钙、磷含量较一般饼粕类饲料高，微量元素中锌、铁、铜含量丰富。

（5）动物性下脚料饲料　主要指屠宰厂下脚料，皮革工业下脚料、水产品加工厂下脚料、昆虫等动物性饲料资源，这些资源可依其组成分为动物蛋白质资源和动物矿物质资源两类。前者主要包括血粉、猪毛水解粉、蹄壳、制革下脚料、羽毛粉、肉骨粉、蚕蛹、蚯蚓等，后者包括骨粉和蛋壳粉两种。动物性蛋白质资源常用发酵法、酶化法、热喷法、膨化法等方式处理后再利用。

① 羽毛粉。羽毛粉是由各种家禽屠宰后的羽毛以及不适于作羽绒制品的原料制成（图 34）。一只家禽可产羽毛 0.2kg 左右，我国羽毛资源每年有几十万吨，居其他动物性饲料资源之冠，但饲用羽毛粉的产量却很低，绝大部分没有利用而白白浪费，十分可惜。羽毛粉的粗蛋白质含量达 80% 以上，高于鱼粉。其氨基酸组成特点是甘氨酸、丝氨酸含量很高，分别达到 6.3% 和 9.3%。异亮氨酸含量也很高，可达 5.3%，适于与异亮氨酸含量不足的原料（如血粉）配伍。羽毛粉的另一特点是胱氨酸含量高，尽管水解时遭到破坏，但仍含有 4% 左右，是所有饲料含量最高者。加工方法适当的羽毛粉，其粗脂肪含量应在 4% 以下，代谢能水平可达 10.04MJ/kg。代谢能水平愈高。

② 蛋壳粉。废弃的蛋壳可用来制成蛋壳粉（图 34），它含有丰富的无机盐类和少量的有机物质，可混入饲料中喂家畜和家禽，以补充钙的不足，促进畜禽生长发育。据测定，蛋壳粉中含有碳酸钙 94.54%，蛋白质 1.15%，碳酸镁和磷酸钙 4.36%。

图 34　羽毛粉、蛋壳粉

（6）粪便再生饲料资源　一般指畜禽排出的粪便中仍含有一定的营养物质，经过适当的处理调制成新的饲料，主要包括鸡、猪、牛粪等。鸡粪中不仅蛋白质含量高，氨基酸组成较完善，而且含有 B 族维生素、矿物质。且可通过热喷、发酵、干燥等方法加工处理，以减少有害微生物，防止有机物降解过快。猪、牛粪等相对鸡粪营养价值较低，但同样可以通过发酵作为畜禽饲料。

（7）*矿物质饲料* 指能提供多种矿物元素，促进动物体新陈代谢，且无毒害的天然矿物。常用的有天然沸石、麦饭石、膨润土、泥炭等。它们可以作为矿物质添加剂来饲喂畜禽。

① 膨润土。膨润土是由酸性火山凝灰岩变化而成的，俗称白黏土又名斑脱岩，是蒙脱石类黏土岩组成的一种含水的层状结构铝硅酸盐矿物。膨润土的主要化学成分为 SiO_2、Al_2O_3、H_2O，以及少量的 FeO、Fe_2O_3、MgO、CaO、Na_2O 和 TiO_2 等。膨润土含硅约 30%，还含磷、钾、锰、镍等动物生长发育所必需的多种常量和微量元素。并且这些元素是以可交换的离子和可溶性盐的形式存在，易被畜禽吸收利用。膨润土具有良好的吸水性、膨胀性功能，可延缓饲料通过消化道的速度，提高饲料的利用率（图 35）。膨润土可用作微量元素的载体和稀释剂，同时作为生产颗粒饲料的黏结剂，可提高产品的成品率。膨润土的吸附性和离子交换性，可提高动物的抗病能力。

图 35　膨润土原矿、饲料级膨润土、饲料成品

② 麦饭石。麦饭石是一种对生物无毒、无害并具有一定生物活性的复合矿物或药用岩石（图 36）。麦饭石的主要化学成分是硅铝酸盐，还含有动物所需的全部常量元素，如：K、Na、Ca、Mg、Cu、Mo 等微量元素和稀土，约 58 种之多。麦饭石有很好的口感，加入麦饭石后家畜进食更好，可以增加产奶量，防止饲养失调。同时可以吸收肠内的异味，消除排泄物的恶臭。这样，苍蝇的数量会减少，有益于动物的健康。麦饭石活化水，可用作肉牛、奶牛和

猪饲料，能提高身体及血液中 pH 值，改善肠功能，预防腹泻和胀气，提高产奶量和奶的质量（防止出现酸度过高或劣质的牛奶），提高肉的质量。

图 36　麦饭石原石、饲料级麦饭石、麦粉石纳米粉

（8）其他

① 菌糠。菌糠是农作物秸秆与化肥等复配料供食用菌生长后的废弃物，食用菌在富含纤维素的物质上生长繁殖过程中，能产生大量分解纤维素、半纤维素的复合酶和降解木质素的过氧化酶，能将农作物秸秆等副产物中的纤维素、半纤维素和木质素分解成葡萄糖、酮类化合物等供给食用菌和菌丝体生长繁殖（图 37）。收菌后，基料残留丰富的菌丝体及经食用菌酶解后发生质变的粗纤维复合物，其营养价值得到明显改善。

图 37　食用菌、菌糠、菌糠处理后进行饲喂

据测定，收菌后的菌糠，粗纤维降解 50%，木质素降解 20%，粗蛋白质含量由原来的 2% 可提高到 6%~7%，脂肪含量比种菌前能增加 1~5 倍，而且易于粉碎、气味芳香、适口性好。此外，菌糠中还含有丰富的氨基酸和多糖，铁、钙、锌和镁等矿物质元素，以及一些代谢产物如微量酚性物、少量生物碱、黄酮及其苷类，还含有肌酸、多肽、皂苷植物角醇及三菇皂苷等化学物质。菌糠经过适当处理、科学配合后，可全部或部分代替米糠、麦麸或精料制成配合饲料、饲料或添加剂，可用于畜禽和鱼类等动物的饲养。但利用菌糠时一定要将发霉、发黑等污染部分的菌糠除掉，以防止菌种引起动物中毒。其次要注意使用量，一般猪日粮中可占 10%~20%、家禽 5%~10%、兔 15%~30%。第三用菌糠饲喂畜禽动物，只能用作替代日粮中的部分糠麸类饲料，不可挤占高能量、高蛋白在日粮中的比例，否则，将影响动物的生长繁殖。

② 葎草。俗称拉拉秧，属桑科植物（图 38）。我国各地丘陵、山地、沟沿、路旁、田边、地头及树林间都有生长。葎草不但含有丰富的蛋白质、无氮浸出物、钙和磷等营养素，而且含有木樨草素、葡萄糖苷、胆碱及天门冬酰胺、挥发性油、鞣质等多种生物活性物质。据测定，葎草干物质中的养分含量分别为，粗蛋白质 12.18%~19.10%，粗纤维 15.4%~23.2%，粗灰分 7.1%~9.8%，无氮浸出物 33.4%~41.8%，钙 0.84%~1.46%，磷 0.26%~0.32%。在猪饲料中用葎草粉代替三个阶段日粮中麸皮的 5%、8% 和 12%。结果试验组平均日增重为 725g，对照组平均日增重为 674g，试验组比对照组日增重提高 7.6%，试验组料重比比对照组降低了

图 38　葎草

1.5%。用葎草干粉代替全部普通青干草饲喂生长獭兔，日增重可增加 15.05%，料重比降低 11.37%，同时可防止腹泻等疾病的发生。

③ 大蒜秧。大蒜秧是大蒜成熟收获后的地上残余物（图 39）。研究发现，大蒜秧不但含有蛋白质、粗纤维和矿物质等营养素，还含有一定量的生物活性物质。试验表明，用 10% 的大蒜叶粉饲喂肉兔日增重可提高 8.5%、料肉比降低 2.8%，具有较好的促生长和抗病能力。日粮中添加适量的大蒜茎叶粉对奶牛也有较好的健胃增食和促进泌乳作用，可明显提高奶牛产奶量，降低料奶比，增强机体免疫力。同时具有抗菌、抗病毒等功能，从而显著降低奶牛乳腺炎（临床型乳腺炎和隐性乳腺炎）及前胃弛缓的发病率。我国是大蒜栽培面积大国，因此，积极开发利用大蒜秧，不但能减轻农村环境污染，而且可充分利用资源，节省饲料粮，降低养殖成本。

图 39　大蒜种植及其大蒜秧收获

90 非常规饲料如何进行利用？

反刍动物比单胃动物更容易利用非常规饲料，猪比家禽能更好地利用非常规饲料，水禽比鸡能更好地利用非常规饲料，但水禽对饲料毒物比鸡更敏感，成年动物比幼年动物能更好地利用非常规饲料。由于非常规饲料营养浓度较低，种用畜禽的用量应高于生长肥育畜禽（以不含有对种用畜禽有害成分为前提）。

由于非常规饲料原料具有多方面的局限性，在使用时要注意它的营养特性、抗营养成分、物理特性以及经济价值等。合理使用非常规饲料原料，必须考虑以下措施，提高它的营养价值和饲料效率。其利用措施包括如下几方面。

① 通过适当的加工处理，改善非常规饲料原料的物理性状，改善适口性和消化率，提高其在日粮中的使用比例。例如，通过发酵、粉碎、膨化或微波处理，可以改善某些劣质饲料的适口性，通过添加酶对某些动物性蛋白原料进行前处理，可以提高它们的消化率。

② 含有抗营养因子或毒物的饲料原料，通过使用某些添加剂或加工处理，使抗营养因子钝化或脱毒。例如，在含有非淀粉多糖的非常规饲料原料及其副产品的日粮中，使用 β－葡聚糖酶、木聚糖酶、纤维素酶等；在含有植酸水平高的日粮中，使用植酸酶；在含有棉酚的棉籽粕日粮中，添加硫酸亚铁等。

③ 用新的非常规饲料原料时，有条件的最好能直接分析或评定饲料成分和能量价值，特别是可利用营养的含量。

④ 配方设计时，根据非常规饲料原料的营养浓度、体积和有害成分含量，确定在日粮中的最大用量。例如，种用畜禽蛋鸡、蛋鸭可以适当提高营养和饲料原料的用量。

⑤ 配方设计时注意根据各种原料的营养特性，平衡重要的限制性氨基酸，并调整维生素和微量元素的用量。

目前，对开发利用非常规饲料资源重要性的认识不够。长期以来，我国畜牧业，特别是农区畜牧业，一贯依赖于用粮食来转化生产畜产品，很大程度上忽视了非常规饲料资源的开发利用。而资源相当丰富的非常规饲料得不到合理的利用，甚至以废物形式抛弃。随着人畜争粮的矛盾日益突出，开发利用非常规饲料资源日显重要。非常规饲料资源开发利用的方式还不成熟，非常规饲料一般不可直接用来饲喂畜禽，需要经过物理、化学或微生物处理后才能被畜禽利用，但技术还没有完全成熟，部分加工方式破坏了饲料的营养价值，需进一步完善。部分加工方式成本高，能耗大，产品缺乏竞争力，一些资源的生产、加工工艺还处于探索阶段。

如何利用非常规饲料进行青贮（混贮）是实现非常规饲料有效利用的新途径，下面将对一些技术成熟的非常规饲料青贮技术进行介绍。

91 甜菜叶如何进行青贮?

（1）青贮窖的选择　应选择地势高、干燥、排水良好、土质坚实、避风向阳、距畜舍近的地方修建青贮窖。砖水泥结构、石块水泥结构、混凝土结构、预制板结构的永久性窖、土质窖、土质衬塑料薄膜的窖均可青贮甜菜叶。永久性水泥窖青贮效果好，利用年限长，但建窖一次性投入成本高。土窖青贮时四周靠窖壁有少量青贮料霉变损失，且对土质要求严格。土窖四周衬塑料薄膜青贮效果好，成本低，易于大面积推广。建青贮甜菜叶永久窖，底部留 2~3 个直径 12cm 左右的渗水孔，不衬塑料膜。窖的容积根据贮量确定窖的大小，一般每立方米可贮甜菜叶 800kg。窖深以 2~3m 为宜（高出地下水位 lm 以上），地下水位高的地方，可采用半地上式窖青贮。

（2）原料准备　在青贮前 1~2 天，集中力量尽快收运，摘除干、黄及烂叶，选择青绿干净无污染的甜菜叶，将甜菜叶晾晒 1~2 天，晾蔫，含水量在 70%~75%，即用手拧一拧，手指缝有液体但不滴水为宜。并将甜菜叶切成 4~5cm 的短节。为了提高青贮质量可以添加 1%~2% 的麸皮或玉米面。

（3）装填　甜菜叶随收随运，随切随装，每装 20cm 踩踏一次，做到踏严实，尤其对窖的四壁及四角周围要注意踏实，不留空隙；甜菜叶装至高出窖口 30~40cm，圆形窖窖顶装成馒头状；长方形窖窖顶装成弧形屋脊状。用塑料薄膜将甜菜叶盖严，在塑料薄膜上盖 20~30cm 干麦草，在麦草上面覆盖 0.5m 厚的土，踏实拍光，经常检查窖顶，及时填补裂缝，防止进水、进气、进鼠。装窖应在一天内装完。

（4）品质鉴定 颜色与形态：品质好的青贮甜菜叶，呈黄色或黄褐色，叶脉清楚、叶茎比较完整；劣质甜菜叶呈深褐色或黑色，形似一团污泥。气味：品质好的青贮甜菜叶，有酒香味；劣质青贮甜菜叶气味臭酸，刺鼻难闻。质地：品质好的青贮甜菜叶松散柔软；劣质青贮甜菜叶发黏或结块。取喂方法及喂量：青贮甜菜叶各种畜禽均可饲喂。青贮 45 天之后，便可开窖利用。长方形窖应从一头开启，分段分层取喂。切记掏洞挖取，每次取够一天用量，取后及时覆盖塑料薄膜或草帘、草席，防止风吹日晒、雨淋变质及二次发酵。饲喂青贮甜菜叶的量应由少到多，逐渐增加，使家畜（禽）逐渐适应。也可搭配其他饲料诱食，停喂时应由多到少，逐渐减少，一经开始饲喂，应连续使用，直到喂完。家畜（禽）饲喂青贮甜菜叶，如出现拉稀等异常现象时，可酌情减喂或暂停饲喂数日后再喂。家畜怀孕后期要限量饲喂青贮甜菜叶；质地不好或冰冻的青贮甜菜叶不能饲喂孕畜。在饲喂青贮甜菜叶时，要注意同时供给其他蛋白质饲料。根据饲喂实践，猪 1.5~3.5kg/（d · 头），羊 2.5~3.5kg/（d · 只），奶牛 15~20kg/（d · 头），役畜 5~10/（d · 头）（匹）。叶用甜菜及青贮窖见图 40。

图 40 叶用甜菜及青贮窖

92 甜菜渣如何进行青贮？

（1）甜菜渣青贮原料特点与来源　甜菜渣营养价值较高，1kg甜菜渣（干物质）相当于0.8kg玉米，湿甜菜渣含水量达到80%左右，干物质中含粗蛋白质7.8%，无氮浸出物66.2%，粗脂肪0.7%，粗纤维22.6%，粗灰分4.3%。由于甜菜渣中含有大量水分，蛋白质和无氮浸出物含量较高，因此是奶牛和肉牛的优质粗饲料。据资料显示，饲喂甜菜渣可使奶牛保持高产、稳产性能。一般制糖厂生产的甜菜渣经过二次脱水后，含水量为76%左右，每立方米重量为1 020~1 030kg。赤峰地区甜菜收获后进行加工生产出甜菜渣一般在10月，打粮玉米秸秆10月含水量在36%~46%，平均按40%计，每立方米重量为330kg。

（2）甜菜渣适合的青贮方法　生产实践中，甜菜渣大量应用时含水量过高，不方便储存，容易腐烂变质，因此，进行甜菜渣单贮或与干秸秆、半干秸秆或牧草等进行混合青贮，可解决长期保存问题，并有利于提高其适口性和秸秆的利用率。甜菜渣单贮技术比较简单，按常规青贮方法将甜菜渣直接装填入窖、压实、封严即可。混合青贮要了解和掌握好青贮原料的含水量。

（3）甜菜渣青贮原料的混合比例　甜菜渣65%+半干玉米秸（叶片干燥，茎秆含水40%）35%；甜菜渣75%+干玉米秸（麦秸或牧草含水量30%以下）25%；甜菜渣60%+锦鸡儿灌木（含水量45%左右）40%。上述3种原料混后含水量分别为66%、67.5%和66%。

（4）甜菜渣青贮装窖的方法　将秸秆切碎，长2~3cm，或揉碎，与甜菜渣混合均匀装窖，操作过程与玉米秸青贮一样，每装填20~30cm，踩实，装满后让贮料高出窖口50cm后覆盖，或每装一层30cm左右厚度的甜菜渣，再装30cm左右的秸秆或牧草，踩实，封好窖。据生产实践经验，相同体积的甜菜渣和秸秆的重量比例正好在 70% 左右，总体积中的原料含水量在 65%~70% 范围内。

（5）青贮甜菜渣的利用　混合青贮完成后，需 20~30 天的时间就可开窖饲喂，加入“采禾”青贮型发酵剂，可提前 7~10 天发酵好。初喂泌乳奶牛或肉牛时，用量不易过大，应逐渐增加饲喂量。有腐臭味的贮料不能饲用。青贮料当天取出，当天喂完，取完贮料后把窖盖严，防止二次发酵。混合青贮饲料制成后，奶牛对青贮饲料逐步适应后，饲喂量一般为 10~20kg/（头・d）。可与玉米青贮饲料搭配饲喂，也可单独饲喂。在大量应用时，由于甜菜渣中缺少磷、B 族维生素、胡萝卜素和维生素 D 等，饲喂过程中要注意补充这些物质。

93 玉米秸秆如何进行青贮?

玉米秸秆青贮是把青绿多汁的玉米秸秆，在适当含水量和含糖量条件下密封于设备中，利用乳酸发酵，抑制杂菌繁殖，保存大部分营养成分而制成的饲料（图 41）。

图 41　玉米秸秆的青贮及饲喂

（1）原料准备　当玉米果穗达到乳熟期或蜡熟期时将全株割下可制作带穗玉米青贮；玉米达到成熟时，收获果穗后玉米秸秆可制作玉米秸秆青贮。以玉米秸秆上保留 1/2 的绿色叶片青贮最佳，若 3/4 的叶片干枯，青贮时每 100kg 需加水 5~10kg。

（2）青贮窖场地与结构　应选择地势高燥、排水良好、土质坚实、地下水位低、距畜舍近、取用方便的地方修建青贮窖。地下水位低的地方可采用地下式，地下水位高的地方，可采用地上和半地上式青贮。窖的建筑结构可根据经济条件和土质选择砖水泥结构、石块水泥结构、混凝土结构、预制板结构或土质结构。长方形青贮窖一般宽 2~4m，长 4~6m，深 2~3m。圆形青贮窖一般深 3m，上径 2m，下径 1.5m。

（3）青贮窖种类及青贮方式　青贮窖的种类较多，有青贮塔、青贮壕（大型养殖场多采用）、水泥池（地下，半地下，长方窖、圆窖）等。

青贮方式有窖贮（地上式、地下式、半地上式）、袋贮（专用青贮袋普通塑料袋）和堆贮（适用于散养小户）。

（4）青贮窖容积　根据畜群（数量）和原料情况确定，并根据青贮容积确定青贮窖形状：一般容积大于 $10m^3$ 的选长方形，容积小于 $10m^3$ 的选圆柱形。当然，还要根据场地大小，确定窖形。

（5）青贮窖容量　因青贮原料的不同而异，一般收获了籽实的青贮玉米秸秆为 500~600kg/m^3，全株带穗青贮玉米秸秆为 600~800kg/m^3。

（6）青贮质量　长方体窖，一般宽度为 1.5~2m，深度为 1.5~2m，长度以原料多少而定，但不宜超过 25m。圆形窖的直径以 2 米为宜，应小于或等于窖的深度；窖壁应垂直光滑，尽量做到不渗水，不透气，四角应做成弧形，窖底应做成锅底形。含水量大的玉米雄株秸秆青贮应在窖底留设边长约为 40cm 的渗水孔，小窖 1~2 个，大窖根据情况确定数量。

（7）青贮原则　清选时带有泥土沙石的玉米根和腐烂变质的玉米秸秆应剔出。青贮玉米秸秆应先用机械切碎，玉米秸秆质地硬，为了便于踏实，切碎长度不宜超过2cm。青贮玉米秸秆的湿度应在65%~76%，用手握紧切碎的玉米秸秆，指缝有液体渗出而不滴下为宜。玉米秸秆湿度不足可在切碎玉米秆中加适量的水，或与多水分青贮混贮，如甜菜叶、甜菜渣等。原料湿度过大，可将玉米秸秆适当晾晒或加入一些粉碎的干料，如麸皮，干草粉等。为了提高青贮玉米秸秆的营养成分或改善适口性，可在原料中掺入添加剂，如尿素、食盐、生物酶及其他制剂。尿素的添加量为玉米秸秆总重量的0.3%；食盐的添加量为玉米秸秆总重量的0.1%~0.15%，需均匀撒施。

（8）青贮料的装填　注意将收获籽实后割下的玉米秆及时运到青贮窖旁，收运的时间越短越好，随运随铡，随铡随装窖，切不可在窖外晾晒或堆放过久，这样既可保持原料中较多养分，又能防止水分过多流失，避免发热变质。装窖前应在窖底铺15~20cm厚的干麦草。如是土窖青贮，可在土窖窖底及窖壁铺衬一层塑料薄膜。将玉米秆切碎约2cm长，把铡碎的玉米秸秆逐层装入窖内，边切碎边装，每装20cm厚可用人踩压或拖拉机碾压等方法将玉米秸秆压实。若使用青贮添加剂可同时均匀撒施。应特别注意将窖四周及四角压实。玉米秸秆装至高出窖口30~80cm，使其呈中间高周边底，圆形窖为馒头状，长方形窖呈梯形形状。若秸秆含水量不足时，可在压实之前洒水。小型窖应在一天内装完、封闭。大型窖应在36小时内装完、封闭。青贮窖装满后，可在上面铺一层20~30cm厚的干麦草，也可用塑料将玉米秸秆盖严。在麦秸或塑料薄膜上压一层厚30~60cm的湿土，压实拍光。贮后一周内应经常检查窖顶，如发现下沉后有裂缝，应及时修填拍实。在青贮窖的四周距窖口50cm处挖一个宽、深均为20cm的排水沟。应特别注意防鼠，如发现有破洞应及时修补。

（9）青贮饲料的成熟，青贮窖的维护　随着青贮的成熟及土层压力，窖内青贮料会慢慢下沉，土层上会出现裂缝，出现漏气，如遇雨天，雨水会从缝隙渗入，使青贮料腐败变坏。有时因装窖踩踏不实，时间稍长，青贮窖会出现窖面低于地面，雨天会积水。因此，要随时观察青贮窖，发现裂缝或下沉要及时覆土，以保证青贮成功。装好的青贮料，在乳酸菌的作用下进行发酵，玉米秸青贮一般需 1~1.5 个月时间，即可发酵成熟。

（10）青贮饲料的启用　45 天左右，青贮料成熟后便可启封喂畜。一旦启封，即应连续使用直到用完，切记取取停停以防霉变。每次应取足畜群一天用量，青贮料取出后不宜放置过久，以防变质。取完料后，用塑料布及草帘等物盖严，防止料面暴露，二次发酵，并清理窖周废料。圆形窖应从上面启封，一层一层取用。先剥掉覆土，揭去塑料薄膜或去掉盖在上面的麦草，从上到下分层取喂，取面要平整，每次取草厚度不小于 5cm。长方形窖应选向阳一头开启，垂直取用。4—6 月应自北端启用，11 月至翌年 3 月应自南端开始启用，用同样的方式剥去覆盖物后，自上而下一直取到底，然后以此为起点向里取一截直到用完。开始喂青贮料，量要由少到多，让牛逐步适应。喂量视牛的种类、年龄、体重、生理状况而定，怀孕母牛应少喂。霉变饲料不能饲喂。

（11）青贮玉米秸秆品质鉴定　评定青贮饲料的品质，生产中常用直观的方法，即观其色、闻其味和感其质。优质的青贮料颜色呈青绿色或黄绿色，有光泽，近于原色，且有浓郁酒酸香味，质地柔软，疏松稍湿润，pH 值为 4~4.5。中等品质的青贮料颜色呈黄褐或暗褐色，稍有酒味，柔软稍干。劣质品质青贮料呈黑色、黑褐色或墨绿色，干松散或结成黏块，有臭味，pH 值大于 5，不能使用。优质青贮料具有芳香酸味；中等品种青贮料香味淡或有刺鼻酸味；劣等青贮料为霉味、刺鼻腐臭味。优质青贮料柔软，易分离，湿润，紧密，茎叶花保持原状；中等品质青贮料柔软，水分多，茎叶花部分保持原状；劣等青贮料呈黏块，污泥状，无结构。

（12）青贮玉米秸秆饲喂量及注意事项　只有上等或中等的青贮玉米秸秆才能饲喂牲畜，劣质青贮玉米秸秆不能饲喂家畜。初喂青贮玉米秸秆时，喂量应由少到多或与精料及其他习惯饲料掺喂。如出现腹泻时可酌减喂量或暂停数日后再喂。质地不好或冰冻的青贮玉米秸秆不能喂孕畜。青贮料的喂量一般不应超过日粮总量的

1/2，奶牛及肉牛的喂量可达日粮总量 3/4。根据饲喂实践，各种家畜青贮玉米秸秆用量见表 23。

表 23　各种家畜青贮玉米秸秆用量　　单位：kg/（d·头）

畜种	饲料用量	畜种	饲料用量
乳牛	15~20	役牛	10~15
种公牛	5~10	役马	5~10
肉用牛	8~12	役骡	5~10
犊牛	3~5	绵、山羊	1.5~2.5

饲喂奶牛应在挤奶后进行，切记在挤奶房中堆放青贮玉米秸秆，以免影响奶的气味。

（13）*青贮饲料制作技术要点*　原料要有一定的含水量，一般用来青贮的原料水分，含水量应保持在 60%~70% 为宜，水分高了要加糠吸水，水分低了要加水。原料要有一定的含糖量，一般要求原料含糖量不得低于 1%~1.5%。青贮时间要短，缩短青贮时间最有效的办法是“快”。一般青贮过程应在 3 天内完成，这样就要求快收、快运、快切、快装、快踏、快封。在装窖时一定要将青贮料压实，尽量排出料内空气，尽可能地创造厌氧环境，在生产中经常忽视这点，应特别注意。青贮窖不能漏水、漏气。

94 灌木和半灌木如何青贮?

（1）*常见的青贮灌木和半灌木种类*　我国北方常见的灌木饲用植物主要有锦鸡儿、山竹岩黄芪、驼绒藜、尖叶胡枝子、达乌里胡枝子等种类，均可调制青贮饲料。但是由于上述灌木木质素和粗纤维含量高，需经过适当的加工后再进行青贮。其中尖叶胡枝子、达乌胡枝子属小灌木，叶量丰富，茎秆较柔细，粗纤维含量低，经过切短，是制作优质青贮饲料的原料；小叶锦鸡儿蛋白质含量较高，经过揉碎后青贮效果也比较好；山竹岩黄芪老枝条粗硬，叶量少，经揉碎制作的青贮饲料采食量较低；驼绒藜由于含有异味，植株上生长较多的刺毛，青贮后适口性仍然比较差，调制干草或加工成草粉效果更好，一般不做青贮饲料。山青岩黄芪、锦鸡儿等木质化程度较高的灌木类饲用植物，在青贮时选择当年生长出的枝条为好。

（2）灌木和半灌木青贮原料的收获方法　尖叶胡枝子和达乌里胡枝子在孕蕾期至开花期收割；锦鸡儿在春季返青前约 4 月末收获，或在夏末秋初种子成熟后收获，秋季收获要等当地雨季过后收割，防止雨淋后植株死亡。锦鸡儿生长 2~3 年后可收割制作青贮饲料，生长 10~20 年的锦鸡儿要在春天用割灌木机平茬，秋天既可收获再生的植株制作青贮饲料，以后每年在春季或秋季收获；山竹岩黄芪和驼绒藜老植株平茬后每年均可收获利用。山竹岩黄芪在孕蕾前收割，驼绒藜在分枝期植株高度达到 60cm 以上收割。

（3）灌木和半灌木青贮加工方法　锦鸡儿、山竹岩黄芪等较老枝条用大功率揉碎机揉碎，春季平茬后秋季生长的枝条较细嫩，切碎青贮效果更理想。尖叶胡枝子、达乌里胡枝子、山竹岩黄芪、驼绒藜等揉碎后青贮，其中尖叶胡枝子和达乌里胡枝子也可切碎后青贮。

（4）灌木和半灌木青贮的含水量要求　锦鸡儿春季收获含水量在 35%~40%，在青贮时加入 1% 的盐水调制到 50%~60%，可以在青贮时加入“采禾”青贮型发酵剂，每吨鲜草加 0.5kg “采禾”发酵剂。秋季收获的锦鸡儿含水量为 48.32%，含水量较低，可进行半干青贮或加少量 1% 盐水。孕蕾期的山竹岩黄芪含水量为 60.53%，分枝期驼绒藜含水量为 69.13%，开花期尖叶胡枝子和达乌里胡枝子含水量分别为 62.23% 和 61.02%，含水量适中，揉碎后可直接进行青贮。

（5）灌木和半灌木青贮效果　灌木青贮效果比较好，经过青贮发酵后，大部分种类的粗蛋白质和粗脂肪含量高于原料；粗纤维含量降低，山竹岩黄芪原料与青贮料含量则相当。灌木青贮时加入青贮发酵剂或纤维素酶后，发酵的效果好于常规方法青贮，感观和气味评价好（表 24 至表 26）。

表 24　4 种灌木类饲用植物原料及青贮料的营养成分对比（单位：%）

灌木种类		粗蛋白	中性洗涤纤维	酸性洗涤纤维	粗脂肪	粗灰分
中间锦鸡儿	原料	14.22	64.18	52.08	2.00	5.62
	青贮料	15.03	58.01	50.57	2.65	3.01
尖叶胡枝子	原料	13.63	64.41	56.84	2.42	3.33
	青贮料	14.09	66.21	52.31	2.73	4.47
华北驼绒藜	原料	14.14	67.21	49.95	2.37	5.25
	青贮料	12.50	64.22	42.49	2.51	6.72
山竹岩黄芪	原料	10.10	62.64	55.02	2.04	3.31
	青贮料	10.69	71.26	60.42	1:78	3.98

表 25　4 种灌木类饲用植物原料及青贮饲料的感观评定

灌木种类	处理	pH 值	感观				总分
			气味	色泽	质地	水分	
中间锦鸡儿	对照组	3.75（18）	酸香味（20）	亮黄色（18）	松散（10）	69.21（20）	86
	青宝Ⅱ号	3.68（20）	酸香味（23）	亮黄色（20）	松散（10）	68.93（20）	93
	采禾	3.87（17）	酸香味（21）	亮黄色（20）	松散（10）	69.57（20）	88
	纤维素酶	3.64（21）	酸香味（23）	亮黄色（20）	中间（7）	70.10（20）	91
尖叶胡枝子	对照组	4.24（8）	水果香味（25）	浓绿色（20）	松散（8）	71.48（19）	80
	青宝Ⅱ号	4.14（10）	水果香味（25）	浓绿色（20）	松散（8）	71.34（19）	82
	采禾	4.18（10）	水果香味（25）	浓绿色（20）	松散（8）	71.16（19）	82
	纤维素酶	4.12（10）	水果香味（25）	浓绿色（20）	松散（8）	71.57（18）	81

（续表）

灌木种类	处理	pH 值	感观				总分
			气味	色泽	质地	水分	
华北驼绒藜	对照组	3.69（20）	淡酸味（17）	淡黄色（15）	松散（8）	71.65（18）	78
	青宝Ⅱ号	3.77（18）	甘酸味（18）	淡黄色（15）	松散（10）	71.73（18）	79
	采禾	3.42（25）	甘酸味（18）	淡黄色（15）	松散（10）	70.88（19）	87
	纤维素酶	3.40（25）	甘酸味（18）	淡黄色（15）	松散（10）	72.42（18）	86
山竹岩黄芪	对照组	4.43（5）	淡酸味（14）	浅褐黄色（8）	松散（9）	69.46（20）	56
	青宝Ⅱ号	4.32（7）	淡酸味（15）	浅褐黄色（9）	松散（9）	69.82（20）	60
	采禾	4.39（7）	淡酸味（15）	浅褐黄色（9）	松散（9）	69.70（20）	60
	纤维素酶	4.26（7）	淡酸味（15）	浅褐黄色（9）	松散（9）	70.03（20）	60

表 26　不同添加剂对 4 种灌木类饲用植物青贮饲料营养成分的影响

灌木种类	处理	粗蛋白	中性洗涤纤维	酸性洗涤纤维	粗脂肪	粗灰飞
中间锦鸡儿	对照组	15.03	58.01	50.57	2.65	3.01
	青宝Ⅱ号	16.17	59.20	51.26	2.43	4.67
	采禾	15.97	58.17	51.65	2.30	5.25
	纤维素酶	16.26	55.10	42.27	2.45	5.32
尖叶胡枝子	对照组	14.09	66.21	52.31	2.73	4.47
	青宝Ⅱ号	13.85	66.02	53.66	2.69	5.16
	采禾	13.66	62.23	53.06	2.81	4.56
	纤维素酶	15.12	65.68	52.28	2.34	4.52

（续表）

灌木种类	处理	粗蛋白	中性洗涤纤维	酸性洗涤纤维	粗脂肪	粗灰飞
华北驼绒藜	对照组	12.50	64.22	42.49	2.51	6.72
	青宝Ⅱ号	15.14	66.18	43.54	2.24	7.33
	采禾	14.22	65.18	44.61	2.29	6.96
	纤维素酶	14.65	64.46	43.03	2.32	7.33
山竹岩黄芪	对照组	10.69	71.26	60.42	1.78	3.98
	青宝Ⅱ号	11.34	68.61	57.28	1.86	3.92
	采禾	11.21	70.87	58.99	2.51	3.82
	纤维素酶	10.30	69.26	57.27	2.10	3.81

（6）制作灌木和半灌木青贮设施　青贮设施主要有青贮窖、青贮壕、青贮塔、地面青贮设施、青贮袋及拉伸膜裹包青贮等。

调制灌木和半灌木青贮的技术有哪些？

① 青贮前准备。青贮原料入窖前，应彻底清扫和修补青贮设施，使其保持清洁完好，如果是土窖，其四周应该铺垫塑料薄膜，防止土壕中有害微生物侵染青贮饲料。同时，青贮前对割草机进行检修和试机。

② 青贮原料刈割。孕蕾后期至开花期刈割原料，将其含水量调至 60%~70%。将原料切碎后，握在手中感到湿润，但不滴水较为适宜。

③ 青贮原料切碎。通常用切碎机将原料切成 1~2cm 的小段，也可用揉搓机进行揉碎。

④ 青贮饲料的装填含水量判断。将切碎的原料用手握后可成形，并有大量汁液渗出，含水量超过 75%；若有很少汁液渗出，含水量为 70%~75%；若握在手中感到湿润，且无汁液渗出，松手后缓慢散开，含水量为 60%~70%；若迅速散开，含水量低于 60%。

水分调整　切短的原料应立即装填入窖，装填的原料若含水量不是60%时，要及时加水，并与原料搅拌均匀；若含水量过高时，要混合一些干饲料，如草粉、糠麸、秸秆粉等，把含水量调整到适宜水分，调节水分后，再测定含水量。

装填与压实　在装填原料时，要分层装填，分层踩实压紧。中小型窖可人工踩实，大型窖可用履带式或轮式拖拉机反复压实，特别要用人工将四周及四个角落踩实。青贮原料装填过程应尽量缩短时间，小型窖应在1天内完成，中型窖2~3天，大型窖或壕3~5天，未完成填装时，每天工作结束后应压实并用塑料膜覆盖在表层。

密封与覆盖青贮原料装满压实后，使原料高出窖口50cm，长方形窖做成鱼脊背式，圆形窖做成馒头状，并用铁锨拍实，盖一层细软的青草或麦秸，再盖一层塑料膜，然后上压重物或铺盖20~30cm厚的湿土踩实封严。

⑤ 袋装青贮。将收割好的新鲜牧草揉碎后，装入塑料袋内，封好口后，放置在干燥和取用方便处。

⑥ 拉伸膜青贮。用打捆机高密度压实打捆，然后用裹包机把打好的草捆用青贮拉伸膜裹包起来，运回固定地点贮藏。

⑦ 混合青贮。尖叶胡枝子为豆科牧草，属小灌木，蛋白质含量相对较高，孕蕾至开花期含量为12.84%~15.08%。同时，枝条基部木质化程度较高，为提高青贮质量和成功率，可与禾草、天然牧草等混贮，以达到预期效果。

（7）灌木和半灌木青贮贮后管理注意事项　青贮窖密封后，应随时检查设施有无变形裂缝，若发现异常要及时修补。

① 窖（塔）贮后管理。经过一段时间的青贮发酵，贮料会下沉，要注意管理窖口，如果出现裂缝要及时填土，保证窖口密封不透气、不漏水。随时检查窖（塔）顶覆土密封及露在地面上的窖壁有无裂缝塌陷，若发现应及时修补，顶部若有积水应及时排出。青贮窖（塔）的四周应设置排水沟。

② 袋装青贮。应严防家畜践踏、老鼠和鸟的侵害，及时修补漏洞，以防透气和雨水渗漏浸泡。

③ 青贮饲料发酵时间。一般青贮原料经 30~40 天发酵后就可饲喂。饲喂时分层分段取料，取出料后应立即盖好密封，以防空气进入，发生霉变。取出的料当天喂完为宜。

（8）灌木和半灌木青贮饲料品质鉴定的方法

① 鉴定方法，要采取正确的取样方法和检验方法。

抽样：在青贮塔或窖等青贮容器的顶端或开口处取样，从表层 30~50cm 以下剖面处按“米”字形分五点以上抽样，每点抽取 1kg 为试验样品，装入玻璃瓶或塑料袋密封后避光保存。袋装青贮抽样数应不少于 3 次重复。

检验方法：感观指标采用观、闻、搓进行检验，并按前面综述的评定方法进行检验；粗蛋白质、中性洗涤纤维和酸性洗涤纤维可按前面综述的检测方法在实验室中检测；酸度测定在实验室用玻璃电极酸碱度测定或在室外现场用“精密 pH 值试纸”测定。

② 质量分级，一般有感官评定和营养成分评定两种。

感官指标：根据尖叶胡枝子青贮饲料的气味、色泽、结构等指标进行评定。感观指标评分在三级以上为合格品。各项质量分级指标均在同一级别时，直接定级。如单项质量分级指标不在同一等级时，以最低的单项等级作为青贮饲料的等级。三级以上均为合格品，低于三级或评分低于 5 分，则判定为不合格（表 27）。

表 27　感官指标

项目	评分标准	分数
气味	无丁酸臭味，有芳香果味或明显的面包香味	14
	有微弱的丁酸臭味，或较强的酸味、芳香味弱	10
	丁酸味颇浓，或有刺鼻的焦煳臭或霉味	4
	有很强的丁酸臭味或氨味，或几乎无酸味	2
结构	茎叶结构保持良好	4
	叶片结构保持较差	2
	茎叶结构保存极差或发现有轻度霉菌或轻度污染	1
	茎叶腐烂或污染严重	0

（续表）

项目	评分标准			分数
色泽	与原料相似，烘干后呈绿色或茶绿色			2
	略有变色，呈茶色或黄褐色			1
	变色明显，墨绿色或黄色，呈较强的霉味			0
总分	16~20	10~15	5~9	0~4
等级	一级（优良）	二级（良好）	三级（合格）	四级（不合格）

营养指标：青贮饲料以粗蛋白、中性洗涤纤维和酸性洗涤纤维及酸度为营养指标，各项指标应符合表28的规定。

表28　营养指标

项目	一级	二级	三级
粗蛋白（%）	≥ 13.0	11.0~12.9	≤ 10.9
中性洗涤纤维（%）	≤ 60.0	60.1~65.9	≥ 66.0
酸性洗涤纤维（%）	≤ 45.0	45.1~50.9	≥ 51.0
酸度（pH）	≤ 4.3	4.4~4.9	≥ 5.0

注：营养指标含量以100%干物质基础计算

95 麦秸的氨化和微贮技术怎样运用于饲料?

秸秆氨化

秸秆氨化处理技术已被人们公认为是改进秸秆营养价值，提高其利用率，大力发展秸秆型畜牧业的有效途径。它是我国最为普及的一种秸秆加工方法。所谓氨化就是在密闭条件下，利用尿素或其他氨源对饲草进行化学处理，以提高其饲用价值的一种方法。通常需要进行氨化的都是质地柔韧坚硬，木质素含量高，营养成分低下的农作物秸秆。这些饲草经过氨化后可增加粗蛋白含量4%~5%，降低粗纤维含量，改善肉牛生产具有重要意义，是农区开展规模肉牛育肥生产不可缺少的一项技术。目前采用氨化方法主要有堆垛法、窖贮法、塑料袋法（图42）；使用的氨源有液氨、尿素、氨水、碳铵，但从农户实际出发，以尿素为原料实行窖贮法简单易行，将这种方法重点介绍如下。

（1）氨化窖（池） 窖地应选在宽敞、向阳、背风、高燥利水并位于住宅和畜舍的下风处，土窖或水泥窖均可，水泥窖宜建成二池相连，可轮换使用；土窖应四壁光滑，贮草时，用塑料衬底，防漏气漏水。窖的形状圆、方不拘，要求底部为锅形。窖的容积大小按氨化草数量而定，每立方米可贮秸秆120kg左右。

（2）秸秆氨化技术操作方法 饲草以小麦为好，也可用稻草、谷草和玉米秸秆，要求原料新鲜、无霉变。据试验，当秸秆：水：尿素=100：40：4时，粗蛋白质含量将增加1~1.5倍，采食量增加20%，有机物消化率增加20%，粗纤维消化率提高20%。

氨化前将秸秆切短至长度2~3cm，粗硬的秸秆（如玉米秸）切得短些，较柔软的秸秆可稍长些。每100kg秸秆（干物质）用3~5kg尿素、30~40kg水。将尿素用40℃的温水溶解后，配成1：10的尿素溶液，把尿素溶液分数次均匀地喷洒在秸秆上，入窖前或后喷洒均可。若于入窖前将秸秆摊开喷洒则更均匀。边装窖边踩实，待装满踩实后用塑料薄膜覆盖密封，再用细土等压好或泥巴封严，盖以长草即可。尿素氨化所需时间比液氨氨化稍长。用尿素做氨源，宜在温暖的地区（或季节）采用。要使尿素分解快，在氨化过程中最好加些脲酶丰富的东西，如豆饼粉等。

（3）氨化秸秆品质的鉴定 应用最普遍的是感官鉴定法，氨化好的秸秆，质地变软，柔软蓬松，干后手搓易碎，颜色呈棕黄色、红褐色或浅褐色，有强烈氨味，释放余氨后气味煳香或稍有酸味。如果秸秆颜色变为白色或灰色、发黏或结块、发黑发霉等说明氨化失败，已经霉变，不能饲喂家畜。发生这样的问题，通常是因为秸秆含水率过高、密封不严或开封后未及时晾晒所致。如果氨化后秸秆的颜色同氨化前基本颜色一样，虽然仍可以饲喂，但说明没有氨化好。

（4）影响氨化质量的主要因素　秸秆氨化质量与尿素的用量、秸秆含水量、环境温度、氨化时间以及秸秆的原有品质等密切相关。生产中氨化 100kg 秸秆（干物质），常用尿素 3~5kg。在便于操作、运输、保存及确保秸秆不致霉变的前提下，秸秆的含水率可调整到 45% 左右。环境温度越高，氨化所需的时间越短，环境温度低于 5℃时，处理时间要多于 8 周；5~15℃时，为 4~8 周；15~30℃时，为 1~4 周；环境温度高于 30℃时，处理时间少于 1 周；高于 90℃时，少于 1 天。

图 42　袋装玉米秸秆黄贮饲料

（5）氨化秸秆的管理与取用　氨化时间受气温影响，温度越高氨化时间越短，春、秋 20 天，夏天 7~10 天，冬天 50~60 天。氨化期间要经常查看窖池，以防人畜祸害，风雨天尤应注意。发现裂缝应及时封堵，切忌漏气进水。氨化好的饲草，应先从一角取喂，不可掀顶开池以免影响效果。饲喂时要早取晚喂，晚取早喂，先放跑氨气后再喂，开始时宜少量驯饲，使之适应，以后逐渐可加大喂量，使其自由采食。亦可与其他饲草混合饲喂。饲喂量视家畜的种类、年龄、体重、生理状况而定，怀孕母牛应少喂。

麦秸微贮

麦秸微贮就是在麦秸中加入微生物高效活性菌种——秸秆发

酵活干菌，放入密封的容器中贮藏，经发酵使秸秆变成具有酸香味、草食家畜喜食的饲料。具有成本低（氨化的1/6）、增重快、无毒害、贮存时间长、不受季节限制、与种植业不争化肥等优点，是应用现代化生物技术加工处理秸秆的一种更先进、更实用的新技术（图43）。

图43　秸秆的微贮及几种常用菌剂

（1）复活　秸秆发酵活干菌每袋3g，可调制干秸秆1 000kg或青秸秆2 000kg。在处理秸秆前先将袋剪开，将3g菌剂倒入2kg水中，充分溶解（条件许可时在水中加白糖20g溶解后，再加入活干菌可以提高复活率），在常温下放置1~2小时使菌种复活，复活好的菌剂一定要当天用完，不可隔夜使用。

（2）配制　将复活好的菌种倒入少许充分溶解0.8%~1%食盐水中，搅拌均匀备用。具体配比：自来水1 200kg，加入8~10kg食盐充分溶解，再加入3g复活好的菌种搅拌均匀，调制干秸秆1 000kg或青秸秆2 000kg。微贮用料配比见表29。

表29　秸秆微贮用料配比

秸秆种类	干秸秆重	体积（m^3）	菌种用量		食盐用量（kg）	水用量（L）	秸秆含水（%）
			袋	g			
麦（稻）秸	1 000	9	1	3	10	1 200	60~70
干玉米秸	1 000	8	1	3	8	900	60~70

（3）长度　用于微贮的秸秆一定不能霉烂变质，先铡短。养羊3~5cm，养牛用2~8cm。

（4）窖建造　微贮窖的建造和青贮氨化窖一样，大小以养畜多少确定，不渗水，形式有水泥池、土窖、塑料袋等，以永久性两连池为最佳。

（5）入窖　首先在窖底铺上塑料薄膜或用砖、石、水泥抹面。按以下技术操作顺序装窖。一是分层装入铡碎秸秆，每层厚度为20~30cm，均匀喷洒菌液水，使秸秆含水率达60%~70%。边装边踩实。二是分层撒玉米面（或麦麸），为发酵初期菌种繁殖提供一定的营养物质。按干秸秆中的千分之五均匀地撒在每层上面。三是分层喷洒菌液，小窖用喷壶或瓢洒，大窖用小水泵喷洒。喷洒要均匀，层与层之间不得出现干层，含水量60%~70%，以抓取试样，用两手扭拧，虽无水珠滴出，但松手后手上水分明显，为含水量适宜。四是分层压实，以减少秸秆间隙，为发酵创造良好的厌氧环境。压实是在每装一层，先撒玉米面（或麦麸），再喷洒菌液，并均匀摊平的基础上实施。要特别注意对窖边窖角的压实。如果当时未装满窖，可用塑料薄膜盖上，第2天再继续装窖。五是封窖。在秸秆分层压实直到高出窖口0.4~0.5m，并使窖顶呈馒头形，在最上面按每平方米250g均匀撒一层细盐后，用塑料薄膜封严，再在上面铺20~30cm厚的稻草或麦麸，用土压实，防止漏气。其他操作与青贮氨化完全相同。

（6）鉴定　优质微贮青玉米秸秆色泽呈橄榄绿，稻草、麦秸秆、干玉米秸呈金黄色，如果变成褐色或墨绿色则表明质量低劣。优质微贮饲料有醇香味和果香味，并具有弱酸味。如有强酸味，表明醋酸较多，是由于水分过多和高温发酵所致；如有腐臭味，是由于压实程度不够和密封不严，使有害微生物发酵，因此不能饲喂。优质微贮饲料拿到手里感到很松散，且质地柔软、湿润，如发黏或结块或干燥粗硬，说明饲料开始霉烂。有的虽然松散，但干燥粗硬，也属于质量差的饲料，不能饲喂家畜。

（7）饲喂方法　根据气温情况，秸秆微贮饲料一般需在封窖

21~30天后（冬季需要的时间更长），可开窖取料饲喂家畜。取料时要从一角开始，从上到下逐段取用，取完后应立即用塑料将口盖严，以免雨水进入引起饲料变质。每次投喂微贮饲料时，要求料槽内清洁，对冻结的微贮饲料应加热化开后再使用。每次取出量应以当天喂完为宜，饲喂量应逐步增加，一般每天每头的饲喂量为：肉牛、奶牛、育成牛15~20kg，羊1~3kg，马驴骡5~10kg。

96 木薯渣如何进行发酵和利用？

近年来，常规饲料有日益紧张之势，价格上涨，使畜牧业的生产成本急剧上涨，利润下降，群众饲养畜、禽的积极性受到影响。糟渣类饲料来源广泛，价格低廉，且能直接饲喂畜禽，极易为家庭饲养业接受采用。糟渣类饲料含有动物所需的营养成分。其中酒糟含粗蛋白质12%~30%，维生素含量丰富，可以用作能量和蛋白质替代饲料；啤酒糟用以喂肉牛，可获物美价廉的牛肉；饲喂奶牛，可增加乳汁脂肪含量并提高泌乳量；喂猪与麸皮效果相似。酱渣含粗蛋白质23%~33%，脂肪含量也较高。玉米粉渣含粗蛋白10%~22%，消化能和代谢能值较高，无氮浸出物高达65%，类胡萝卜素含量极为丰富。豆腐渣粗蛋白质含量21%~40%，粗脂肪较高，氨基酸含量比较丰富，赖氨酸可高达1.44%。药渣粗蛋白质含量较高，为24.7%~46.7%，粗纤维含量较低，有的药渣含有一定的抗生素效价，对促进畜、禽的生长有一定作用。糟渣如果不用来做饲料，只有废弃，随雨水、河水流失，造成环境污染，还浪费了蛋白质和能量资源。开发利用糟渣类饲料不仅可以减轻

图44 木薯渣

环境污染，还可多生产畜产品并节约粮食（图 44）。

利用糟渣类作饲料的方法：① 直接利用。鲜喂和风干喂各种畜、禽，是一种经济而简单的方法。② 间接利用。第一，利用沼气发酵。酒糟经沼气发酵后的残余物依然可用作饲料，而且其粗蛋白质、赖氨酸含量经沼气发酵后都有所增加，而粗纤维含量大为降低。第二，生产饲料酵母。利用造酒废液和粉渣生产饲料酵母，粗蛋白质在 50% 以上，赖氨酸接近 4%。

（1）木薯淀粉渣的发酵技术

① 纯木薯渣发酵法：取一包“粗饲料降解剂”与 5kg 以上玉米面（麦粉、薯干粉、高粱粉也可以，数量可以用到 50kg，越多越好），搅拌均匀，用来拌和 500kg 的木薯渣，食盐 1.0kg，加入过磷酸钙（即磷肥）和碳酸钙（即石灰或双飞粉都可用）各 1kg，含水量调控在 70% 以内（采用“粗饲料降解剂”对于水分含量要求的标准是：手抓一把饲料，轻轻一捏，即有少量水滴出，或手指间有水印出即可，这就是最好的含水量，这个含水量一般是 50%~70%），然后装入池或缸内压实，用塑料薄膜盖好缸口，上面再加一层编织袋保护塑料薄膜，用绳子扎紧，一般需要发酵 3~7 天，有甜酒醇香气味，即可用来喂猪。这种发酵方法发酵出来的料，蛋白质含量过低，只有 5% 左右，用来喂畜禽，可以在自配饲料中代替部分玉米粉来用，但不可代替全价饲料来喂食畜禽。

② 木薯混合发酵法：基本与纯木薯渣的发酵方法相同，只是另外再加入 50~80kg 的豆粕（菜籽粕、棉菜粕、花生麸均可，原则上可以多加一点，棉菜粕等有毒蛋白质原料加得多的，则要多发酵几天），利用豆粕等蛋白质饲料中蛋白质含量高的特点，来弥补木薯渣蛋白质含量低的缺陷，同时，“粗饲料降解剂”又可兼脱去棉菜粕中的毒素，一举两得。

（2）木薯渣发酵后的贮藏　木薯渣是养殖户喜欢的廉价饲料资源，但是鲜木薯渣水分含量高达 80%~90%，而且无氮浸出物的含量也高，这使木薯渣极易发生酸败和霉变。木薯加工淀粉厂生产的鲜木薯渣若不及时处理，在 3~4 天内就会发霉变质，发霉酸败的木薯渣已经没有饲用价值，因此要及时密封保存新鲜的木薯渣。木薯渣不是一年四季都有的，养殖户应在木薯加工的旺季大量收购木薯渣进行密封保存，即可延长木薯渣的利用时间，降低饲养成本。保存好木薯渣的关键就是及时保存和厌氧密封。其具体步骤主要如下。

① 建窖。修建要求：窖池的容积可据所养牛羊数量、饲喂期长短和饲喂量以及需要贮藏的木薯渣数量进行设计。如采用的是长、宽、深分别为 185cm、95cm 和 31cm 的池子进行储藏，若每头牛每天饲喂 3kg，一窖薯渣可以满足 15 头牛半个月的需求。窖的四壁要平整光滑，防止渗水和漏气，能够密封，且有利于木薯渣的装填压实。窖池底的排水设计：窖池据其长宽度要设定一定的弧度和出水孔（直径为 3cm），以便排出多余的水分（由于鲜渣水分含量高，存入窖内后，水分可沿出水孔流出）和窖的清理。

② 木薯渣的初处理。缩短鲜渣暴露的时间。新鲜木薯渣，水分含量高达 80% 以上，大多呈暗黄色，青贮原料最好选用 2 天内加工生产的。运回的木薯渣要求及时储存，减少木薯渣的暴露时间，降低木薯渣变黑变质的量。质量要求：无污染、无霉变。凡被有害物质污染的、颜色变为黑褐色或灰白色的木薯渣以及发臭变质的木薯渣均不可贮存，因为这些木薯渣已发生了酸败和霉变。除杂：对混入土石、瓦片、塑料薄膜等杂质的木薯渣，必须先清除杂质后再进行贮存。控水：鲜木薯渣水分含量在 80% 以上，比青贮原料适宜含水量 70%~75% 要高。在装填过程中需通过增加外力压挤来降低鲜渣中的水分。

③ 木薯渣的装填压实。木薯渣的装填压实与前面微贮的装填压实方法一样。

④ 厌氧、避光窖存。为了解不同密封方法对木薯渣贮存效果的影响，我们对窖藏使用了以下两种方法。a. 待木薯渣装至离窖口 10cm 左右时，用不漏水的塑料薄膜覆盖木薯渣，让其表面大致处于同一水平面上。然后在薄膜表面放一层水，起密封和压实作用，多出的薄膜四周用砖压实。b. 将木薯渣压成馒头状，用薄膜覆盖，

用手排出其中的空气，确保不透气、不渗水，薄膜四周弄平后用砖头压实。

⑤ 袋装贮藏。袋贮采用的是无毒的聚乙烯塑料薄膜，其贮存步骤跟窖贮类似。其优点是：制作不受时间、地点的限制，封闭性较好，通过汁液损失的营养物质较少。缺点是：因木薯渣含水量高，袋装过多，容易把塑料膜挤破，一旦薄膜被损坏，酵母菌和霉菌就会大量繁殖，导致木薯渣发霉变质，因此袋贮的贮藏量较小，不适宜大量贮存。发酵好的木薯渣密封好，可以保存一年不变质（一般建议在一个月内使用完最好）。如果保存中密封不好，就会引起酒度升高、酸度增加，对动物饲喂酒度过高的发酵木薯渣就有可能引起酒醉，木薯渣在酸度过高的情况下，动物就会不喜欢吃（但可以用 1%~3% 小苏打粉即纯碱来中和，或每 100kg 添加 10g 糖精）。

用袋装贮藏发酵后的木薯渣中的粗蛋白是第一种发酵方法的 3 倍以上，因此推荐大家采用第二种发酵方法。采用袋装贮藏的木薯渣配成的猪饲料，不需要再另外添加“保健液”，生长速度与采用全价料无多大区别，但饲料成本就明显下降了。养鸭、养鹅等也可以在饲料中添加袋装贮藏发酵成的木薯渣，效果很好。发酵的木薯渣配未发酵的木薯渣用来养鱼效果也很好，还可以预防鱼肠炎病。如果将 100g “粗饲料降解剂”和 25g “活力 99 生酵剂”混合来处理 500kg 木薯渣，效果将更好一些，是由于“活力 99 生酵剂”含有丰富的微生物，与“粗饲料降解剂”相结合的结果。如果要长期保存，则要密封严格，并压紧压实处理，尽量排出包装袋中的空气，这样不仅可以长期保存，而且在保存的过程中，降解还要进行，时间较长后，消化吸收率更好，营养更佳。其他固体发酵的糟渣也是这个原理，当然，前提条件是能确保密封严格，不漏一点空气进入料中，但实际生产中，很多用户并不能保证密封严格，所以，建议尽快用完为好。

⑥ 取用。木薯渣一般经过 15 天（夏天可缩短至 5~7 天）贮藏发酵后即可取用，在发酵木薯渣的表层和窖的边缘有 1~2cm 厚呈黑褐色或发霉的木薯渣，在取用时将其抛掉。下面的优质木薯渣就

呈淡黄色，散发出酸香味，发酵木薯渣的适口性较好，是牛羊喜食的饲料。注意在取用木薯渣时最好从排水孔一侧开始，这样可以快速排出雨水和木薯渣自身水分，不让过多的水分积留在窖内，方便

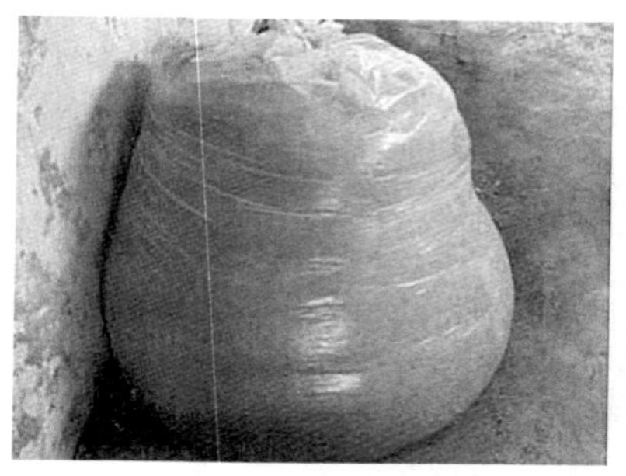

袋存木薯渣挤压塑料膜

盖遮阳网防止直射阳光影响木薯渣发酵

窖藏后的木薯渣

贮藏后呈浅黄色的木薯渣

用水密封和压实成馒头状密封

图 45　木薯渣青贮

下次快速取用。每次取用之后迅速密封，并盖好遮阳网（图 45）。

97 酒糟如何进行发酵和保存？

高含水的糟渣类饲料通过增压减水、与稻草混贮、添加氯化铵等方法进行有效贮藏。据储存效果和饲喂效果来看，这几类糟渣饲料都可以在一定程度上替代常规饲料资源，因此采用适当的储存方法保存糟渣类饲料，可以延长其使用时间，扩大其使用范围和使用的量，既保护了环境又缓解了人畜争粮的矛盾，既降低畜禽饲养成本，又提高了经济效益，可以促进畜牧养殖业的健康持续发展。下面以白酒糟的储存技术为例进行介绍。

白酒糟是肉牛养殖户常用的廉价饲料资源，但是由于夏天高温，许多酒厂将停止或减少白酒的生产，使得白酒糟在冬春季节过多，而夏季短缺。再加上鲜白酒糟水分高达 60%~70%，易腐败变质，若不及时处理就会对环境造成直接污染，而晾晒酒糟受天气影响较大，烘干酒糟成本高并且养分及其他活性因子损失高。因此密封厌氧保存酒糟是很实用的途径。窖贮是一种常见、理想的贮存方式。虽一次性投资大，但窖坚固耐用，使用年限长，贮藏量大，窖贮的饲料质量也有保证。

（1）窖池选择与修建

位置的选择：可据当下水位的高低，选择在离牛栏较近的地势高干燥处，修建下池或上池，便于运糟车进入。

窖池容积：据所养牛数量、饲喂期长短、贮藏过程中的损失以及饲喂量，一般按育肥牛 10~20kg/（头·d）的鲜糟，来确定所需贮藏的酒糟数量，再根据鲜酒糟的容重（白酒糟中由于有 40% 的稻壳，实际测得容重为 680g/L）设计酒糟窖藏池大小。

窖池的修建：在天气晴朗时据所需酒糟量修建酒糟窖藏池，窖的四壁要平整光滑，防止渗水和漏气，能够密封，且有利于糟渣的装填压实。窖底部设计弧形，窖池中部相对低于两边，可设排水沟和出水孔，以便排出多余的水分。酒糟窖藏池取料开口处需据每天用糟量而定，开口不要太大，窖池一定要便于运糟车卸糟。

（2）白酒糟的贮藏方式

白酒糟贮藏：其关键是选用无污染、无霉变的新鲜白酒糟进行贮藏，运输途中防淋雨。凡被有害物质污染的、颜色变黑褐或灰白的以及发臭变质的酒糟，不可贮存。

白酒糟与干稻草混贮：其原理是利用稻草含水分低，混贮易控制白酒糟含水量，甚至可做低水分贮藏，其关键是比例，酒糟：稻草的比例一般选（8~10）：1，其次是稻草要铡短，长度在1~2cm，如果能将稻草揉切，长度可在3~5cm，否则不易压实排出空气。

酒糟添加氯化铵贮藏：添加氯化铵可以提高酒糟的氮含量，并具有很强的杀菌、抑菌作用，有助于防止开窖后酒糟二次发酵腐败。贮藏中所用酒糟为头茬糟，含糖量高，容易被微生物发酵降解和自身分解，可以适当提高氯化铵添加量，因此贮藏中氯化铵添加量为0.3%。为了让氯化铵与白酒糟混匀，贮藏中据窖藏酒糟量确定氯化铵的量，将其溶于水后，在装填酒糟过程中用喷雾器喷入，为了减少水分引入，建议氯化铵配成饱和溶液。

厌氧和压实：装填酒糟之前需提前将窖清理干净并消毒，保证周围无裂缝，在窖池底部和四周铺上塑料布。将酒糟逐层铺平，在此过程中不停用人力或机械将酒糟压实压紧，特别注意要把窖的四周和边角压实压紧，直至将窖池装满或者将车里的酒糟装完为止。不要等到装满后再去压实，这样不但会影响发酵酒糟的质量，还会减少装填的量，从而不能充分利用贮存窖。

封口：用塑料膜密封酒糟表面，特别注意要将窖四周的塑料膜弄平弄直，不要留有大的空隙，接着用稀泥将塑料膜四周压紧密封，用重物或稀泥压实塑料膜的表面，有条件的可修防雨和防阳光的窖池棚。

酒糟密封贮藏30天后即可取用，取用时据日用量决定将塑料膜开口大小，优质的酒糟贮藏料呈黄褐色，芳香酸味，是动物喜欢采食的饲料。注意在取用时不要用铁铲，避免将塑料膜戳破。尽量缩短取用时间，每次取用之后迅速密封。定期检查塑料膜有无破损，防止空气渗入，破坏厌氧环境（图 46，图 47）。

图 46 用稀泥压实塑料膜密封酒糟和已贮藏了 8 个月的白酒糟

图 47 酒糟贮藏室窖池取料开口处

酒糟经过密封发酵青贮后既可以保证其营养价值，又能提高其降解率，并延长了酒糟的利用时间，降低了酒糟的运输成本。

98 玉米芯如何进行发酵和贮藏？

玉米芯是农业生产的废弃物，量大分布又广，营养价值也比较丰富，但大多数作为燃料被烧掉，这既污染了环境又浪费了资源。

下面介绍玉米芯和柑橘渣的混贮方法步骤（图 48）。

图 48　玉米芯的乙烯塑料膜覆盖及青贮成品

（1）材料的准备

玉米芯：选择质量良好、无霉变的玉米芯阴凉风干后用粉碎机将其处理为 1~2cm 备用。

柑橘渣：选用无霉变、无异味、无杂质柑橘渣。

乳酸菌：青贮宝，由植物乳酸杆菌、乳酸片球菌、细菌生长促进剂及载体等多种成分组成，活菌数$\geqslant 1\times10^{9}$cfu/g。

玉米：由于玉米芯和柑橘渣含糖量较低，需要添加玉米粉提高青贮料的含糖量。

尿素：尿素为乳酸菌生长繁殖提供充足的氮源。

（2）青贮设备准备　据实际条件选择青贮窖、青贮塔等。若无青贮设备，则可选择在较高、干燥、靠墙、有一定倾斜度（便于排水），离河渠、池塘、粪池等较远而离饲养较近的地方。

（3）制备方法　先清扫干净，特别是小石头、玻璃片等，以防止戳破塑料膜。铺两层厚实的聚乙烯塑料膜，将柑橘渣、玉米芯、尿素、玉米、乳酸菌（与清水混匀后均匀喷洒）按 60∶40∶0.3∶7.27∶0.0015 的比例混匀，据所需青贮料的量来确定原料实际用量。在混匀的过程中均匀喷洒一定量的清水，保证青贮料水分含量在 65%~75%。将混匀的料装填在塑料膜的靠墙侧，每次填入约 20cm 厚后，用人力或机械充分踩踏压实，以后重复前面的操作，至原料全部装完为止。将另外两层厚实的聚乙烯塑料膜覆盖在青贮料上，踩踏压实排出塑料膜里的空气，塑料膜的边角用重物压实密封，如有泥土覆盖 30cm 厚的泥土，若无泥土，可将重物覆盖在上面。定时检查塑料膜有无裂缝，或是否被老鼠等小动物咬破，随时加以修复，防止空气或雨水渗入影响青贮料的质量。玉米芯柑橘渣混合青贮料经过 30 天（冬天可适当延长时间）发酵后即可饲喂。取用时将塑料膜打开一个小口，剔除表层 1~3cm 呈黑褐色发霉变质的青贮料后取用。优质的青贮料呈橙黄色，并散发出浓郁的酸香味。注意在取用时不要用铁铲，避免将塑料膜戳破，尽量缩短取用时间，每次取用之后迅速密封。

99 马铃薯渣如何进行青贮处理？

马铃薯渣是常见的农副产品糟渣，目前开发的发酵法常见的有以下几种。

第一种发酵方法（纯马铃薯渣发酵）：取一包“粗饲料降解剂”与 5kg 以上玉米面（麦粉、薯干粉、马铃薯粉、高粱粉也可以，数量可以用到 50kg，越多越好），搅拌均匀，用来拌和 500kg 的马铃薯渣，食盐 1.0kg，加入过磷酸钙（即磷肥）和碳酸钙（即石粉，或双飞粉都可用）各 1kg，含水量调控在 70% 以内（采用“粗饲料降解剂”对于水分含量要求的标准是：手抓一把饲料，轻轻一握，即有少量水滴出，或手指间有水印出即可，这就是最好的含水量，这个含水量一般是 50%~70%），然后装入池或缸内压实，用塑料薄膜盖好缸口，上面再加一层编织袋保护塑料薄膜，用绳子扎紧，一般需要发酵 3~7 天，有甜酒醇香气味，即可用来饲喂。第一种发酵方法发酵出来的料，蛋白质含量过低，只有 5% 左右，用来喂畜禽，可以在自配饲料中代替部分玉米粉来用，但不可代替全价饲料来喂畜禽。

第二种发酵方法：基本上与上述的发酵方法相同，只是另外再加入 50~80kg 的豆粕（菜籽粕、棉菜粕、花生粕均可，原则上可以多加一点，棉菜粕等有毒蛋白原料加得多的，则要多发酵几天），利用豆粕等蛋白饲料中的蛋白质含量高的特点，来弥补马铃薯渣蛋白质含量低的缺陷，同时，“粗饲料降解剂”又可兼脱去棉菜粕中的毒素，一举两得（图 49）。发酵好的马铃薯渣密封好，可以保存一年不变质（一般建议在一个月内使用完最好），如果保存中密封不好，就会引起酒度升高，酸度增加，对动物饲喂酒度过高的发酵马铃薯渣就有可能引起酒醉，马铃薯渣在酸度过高的情况下，动物就会不喜欢吃（但可以用 1%~3% 小苏打粉即纯碱来中和，或每 100kg 添加 10g 糖精）。

图 49　马铃薯渣的混合青贮

第二种发酵方法发酵后的粗蛋白是第一种发酵方法的 3 倍以上，因此推荐大家采用第二种发酵方法，如果采用第二种发酵方法的马铃薯渣，配成猪饲料，不需要再另外添加“保健液”，生长速度与采用全价料无多大区别，但饲料成本就明显下降了。养鸭、养鹅等也可以在饲料中添加第二种发酵成的马铃薯渣，效果很好。发酵的马铃薯渣配未发酵的马铃薯渣用来养鱼效果也很好，还可以预防鱼肠炎病。

如果将 100g“粗饲料降解剂”和 25g“活力 99 生酵剂”混合来处理 500kg 马铃薯渣，其效果将更好一些。这是由于“活力 99 生酵剂”含有丰富的微生物，与“粗饲料降解剂”相结合的结果。

如果要长期保存，则要密封严格，并压紧压实处理，尽量排出包装袋中的空气，这样不仅可以长期保存，而且在保存的过程中，降解还要进行，时间较长后，消化吸收率更好，营养更佳。

100 糟渣类饲料如何进行饲喂以及需要注意的问题是什么？

制糖业的副产品糖饴渣和甜菜渣，酿酒业的副产品酒糟、啤酒糟，以及豆腐渣、酱渣、粉渣，羊都能利用。糖渣中的干物质含量在22%~28%，饲喂时应逐渐增加让羊适应。也可以在糖渣中添加尿素和矿物质、微量元素混合饲喂。甜菜渣中含有游离有机酸，易引起羊下泻，应控制饲喂量。酒糟含水量较高，为64%~76%，为了保存应晒干或青贮。酒糟的营养价值变化很大，适口性差，羊的采食量不高。豆腐渣、酱渣、粉渣等含粗蛋白质较高，使用时最好经适当的热处理再使用。

啤酒糟含有丰富的蛋白质、氨基酸及微量元素。发酵处理后再喂猪，降低了饲养成本，有利于保护生态环境和节约资源。啤酒糟营养价值比较高。它是麦芽进行糖化工艺，过滤后直接得到的滤渣，而不是经过发酵处理的糟渣，因此遭受的破坏程度最轻，营养成分相对也比较丰富。它主要由麦芽的皮壳、叶芽、不溶性蛋白质、半纤维素、脂肪、灰分及少量未分解的淀粉和未洗出的可溶性浸出物组成。啤酒生产所采用原料的差别以及发酵工艺的不同，使得啤酒糟的成分不同，因此在利用时要对其组成进行必要的分析。总的来说，啤酒糟干物质中含粗蛋白25.13%、粗脂肪7.13%，赖氨酸0.95%，还含有丰富的锰、铁、铜等微量元素。作为牲畜的饲料，农村多采用直接投喂的方式，因大量高蛋白未能转化，畜禽难以吸收利用，造成很大浪费。对此为了更好地利用啤酒糟，科研人员做了许多相关的研究工作。其中一种改善方式是，通过微生物对啤酒糟进行发酵处理。

（1）原料选择要求　选用啤酒糟需要注意它的新鲜度，这在发酵中非常重要。正因为破坏程度轻营养成分高，决定其很容易变质酸败，所以，要尽量缩短啤酒糟的运输和储存时间。尽量只用当天出厂的啤酒糟来进行发酵处理（有条件的最好是先进行粉碎处理，再降解处理，效果极好）。

（2）调节物料比例　在保证原料新鲜的前提下，具体操作如下：啤酒糟与玉米粉（谷粉、高粱粉、麦麸、薯粉均可以）按8∶2的比例，再加入饲料发酵剂（其添加比例为1‰~2‰），将这些物料混合搅拌均匀。

（3）水分控制　控制含水量在60%左右最好（水分控制参考标准：用手抓一把成团，有水从手指间印出，但不滴出为度）。

（4）压实发酵　混合后装入大缸或池中用力压紧压实后，用塑料薄膜边压边密封厌氧发酵，也可以直接装入密封塑料袋中将口扎紧。

（5）发酵完成时间　密封发酵三天即可饲喂。发酵后的啤酒糟产物，能提高粗蛋白8%~10%，尤其是粗蛋白中的可消化蛋白率提高了很多，营养价值能得到大幅度的提高。酒糟资源丰富，价格低廉，采取上述方法处理，能将啤酒糟直接饲喂的弊端得以解决，更加营养，动物更爱吃，生长速度更快。

常见的糟渣饲料育肥肉牛配方有如下几个。

① 酒糟20~25kg，玉米3~4kg，豆饼0.5kg，食盐0.05kg，秸秆3kg。上述日粮饲喂体重300kg以上公牛，日增重可达1.2~1.3kg。

② 酒糟30kg，玉米2.5kg，豆饼1kg，谷草或野干草切碎后自由采食。上述日粮饲喂体重350kg架子牛，育肥120天，出栏重达480kg，日增重可达1.0kg以上。

③ 甜菜渣20~25kg，玉米2~3kg，豆饼0.5kg，秸秆或干草3kg，尿素0.05kg，食盐0.03kg。上述日粮饲喂黄牛改良品种，日增重可达0.90~1.10kg。

④ 豆腐渣 20kg，干草 3kg，秸秆 2kg，玉米 0.5kg，食盐 0.03kg。上述日粮饲喂黄牛改良品种，日增重可达 0.8~0.9kg。

受糟渣类饲料中某些成分的影响，应用时需注意以下几个问题。

① 糟渣类饲料不易保存。水分含量高达 80%~90%，存放几天之后，有害微生物则利用有机物质进行发酵，致使糟渣品质下降，霉变，不能饲喂畜禽。因此必须及时干燥，或现出现喂。

② 糟渣类饲料中含有一些限制因子。如豆腐渣中含有胰蛋白酶抑制因子及其他消化酶抑制因子，必须用高温高湿加热法，消除这些抑制因子的作用；酒糟中含有乙醇、醋渣中含乙酸、玉米粉渣中含亚硫酸等，喂时要适量。

③ 糟渣类饲料中营养不全，有的含量过高有的含量低，含量高的成分，要限制喂量，含量低的成分要补足。如酒糟含钙、钠盐较少，钾、磷丰富；酱渣含盐量高达 7%；醋渣粗蛋白质低，仅 6%~10%，粗纤维 25%~30%，缺胡萝卜素和维生素 D；粉渣中蛋白质质量欠佳，尤其玉米粉渣，做能量饲料较宜，长期饲喂母猪，可引起繁殖率降低等。因此饲喂这类饲料时应根据其营养成分含量和动物的需要量制定配方，配制饲料，特别要注意维生素和微量元素、氨基酸的平衡。

④ 药渣中含有药物有效成分，尤其抗生素药渣粗蛋白质含量高，而又是发酵产品，含有菌体蛋白，是较好的蛋白质饲料。饲喂肉用仔鸡和育肥猪效果很好，但喂蛋鸡时蛋中有药物残留，不宜饲喂，肉鸡和育肥猪屠宰前要有停喂期。

麦麸含粗纤维 8%~9%，硫胺素、烟酸和胆碱的含量最为丰富。麦麸质地松软、适口性好。用麦麸饲喂畜禽用量不能过多，更不能长时间单独饲喂，否则容易造成畜禽缺钙。用麦麸饲喂畜禽的适宜用量为：喂猪不能超过日粮的 15%，喂雏鸡不能超过日粮的 5%，喂产蛋鸡不能超过日粮的 10%。

米糠含有丰富的油脂和粗蛋白质。米糠能量高，但长期储存易变质，因此配制配合饲料时应用新鲜米糠。配制猪用配合饲料，米糠的用量不宜超过 30%，否则，仔猪会泻肚，育肥猪易形成软脂导致猪肉品质差。

生豆渣含抗胰蛋白酶，抗胰蛋白酶会阻碍畜禽对蛋白质的消化吸收，因此必须煮熟后再喂，否则易引起畜禽拉稀。豆渣缺乏维生素和矿物质，因此应与精、粗饲料及青饲料合理搭配，且用量不超过饲料量的 30%。变质的豆渣绝对不能饲喂。酒糟富含粗蛋白质、B 族维生素、钾、磷酸盐，但含钙少，且有酒精残留，因此必须与青饲料和配合饲料搭配饲喂，且不宜饲喂孕畜。

甘薯含淀粉 16%~26%，单喂营养不全，生喂不易消化吸收，因此，甘薯应煮熟后与配合饲料和青饲料混喂。

槐叶、柳叶、榆叶等多种树叶可直接采来喂牛羊等反刍家畜，用于喂猪、鸡则需加工成叶粉再配入饲料中。嫩叶一般可打浆鲜喂（紫穗槐及桃叶等不宜生喂）。青绿叶也可混同青草制成青贮饲料。山桃、核桃、李子等树的叶片有苦涩味，适口性差，应将这些树叶经青贮或发酵处理后适量搭配饲喂。

将玉米、油菜、水稻及豆科作物的秸秆和籽壳风干后再加工成粉状，饲喂前用水浸泡 8~12 小时，待其软化后，再与青饲料或配合饲料混喂。也可将秸秆、籽壳经碱化、氨化青贮等处理后饲喂。

参考文献

[1] 胡坚，饲料青贮技术 [M]. 北京：金盾出版社，2012.

[2] 玉柱，杨富裕，周禾 . 饲料加工与贮藏技术 [M]. 北京：中国农业科学技术出版社，2003.

[3] 刘禄之 . 青贮饲料的调制与利用 [M]. 北京：金盾出版社，2009.

[4] 农业部农业机械管理司 . 牧草生产与秸秆饲用加工机械化技术 [M]. 北京：中国农业科学技术出版社，2005.

[5] 孙启忠，玉柱，赵淑芬 . 紫花苜蓿栽培利用关键技术 [M]. 北京：中国农业出版社，2008.

[6] 韩建国，马春晖 . 优质牧草的栽培与加工贮藏 [M]. 北京：中国农业出版社，1998.

[7] 汪勇，汤海鸥，李富伟 . 非常规饲料资源开发利用的研究进展 [J]. 广东饲料，2008，17（1）.

[8] 周根来，王 恬 . 非常规饲料原料的开发利用 [J]. 粮食与饲料工业，2001，12：33–35.

[9] 李珊珊，李飞，白彦福，尚占环. 甜高粱的利用技术 [J]. 草业科学，2017，34（4）：831–845.

[10] 李春宏，张培通，郭文琦，殷剑美，韩晓勇. 甜高粱青贮饲料研究与利用现状及展望 [J]. 江苏农业科学，2014，42（3）：150–152.

[11] 孙启忠，玉柱，徐春成，马春晖 . 青贮饲料调制利用与气象 [M]. 北京：气象出版社，2010.

[12] 路登佑，李玉蓉，赵文峰，冯杰. 饲用甜高粱青贮制作技术 [J]. 贵州畜牧兽医，2011，35（2）：53–55.

[13] 徐春城，现代青贮理论与技术 [M]. 北京：科学出版社，2013.

[14] 屠焰，郭江鹏，陶莲. 玉米青贮制备与饲用技术 [M]. 北京：中国农业科学技术出版社，2016.

[15] 张平定. 制作青贮饲料的技术要点 [J]. 饲料与畜牧，2005，32（5）：17–18.

[16] 杜垒. 饲料青贮与氨化关键技术图解 [M]. 北京：金盾出版社，2012.

[17] 许庆方. 优质饲草青贮饲料的研究 [M]. 北京：中国农业大学出版社，2010.

[18] 贾晶霞. 4QS–1250 型悬挂式青贮饲料收获机使用与维护 [J]. 农业工程，2017，7（01）：32–34.

[19] 雒瑞瑞，郭艳丽. 马铃薯茎叶制作青贮饲料的研究进展 [J]. 中国饲料，2017,（04）：34–37.

[20] 陈军. 优质青贮饲料制作及其在畜牧生产中的应用 [J]. 畜牧兽医科学（电子版），2017,（02）：74–75.

[21] 蒋永清. 青贮饲料巧制作 [M]. 北京：中国农业科学技术出版社，2010.

[22] 侯建建，娜日苏，罗海玲，玉柱 [J]. 切碎长度对不同牧草青贮饲料发酵品质的影响. 中国奶牛，2016,（06）：10–14.

[23] 闫贵龙，曹春梅，刁其玉，洪梅，王建红 [J]. 青贮窖中不同深度全株玉米青贮品质和营养价值的比较. 畜牧兽医学报，2010，41（06）：697–704.

[24] 曹志军，杨军香. 青贮实用技术图册 [M]. 北京：中国农业科学技术出版社，2014.

[25] 赵士萍，周敏，蒋林树. 青贮饲料添加剂的研究进展 [J]. 中国农学通报，2016，32（20）：6–10.

[26] 皮雷，戚长秋. 青贮玉米机械化生产技术 [M]. 黑龙江：黑龙江科学技术出版社，2008.

[27] 李建平，郭孝，姚秀丽. 饲用高粱的生产特性与加工利用 [J]. 郑州牧业工程高等专科学校学报，2007，27（3）：28–30.

[28] 王家启. 青贮专用玉米高产栽培与青贮技术 [M]. 北京：金盾出

版社，2009.

[29] 农业部农民科技教育培训中心，中央农业广播电视学校 [M]. 北京：中国农业大学出版社，2007.

[30] 孙彦 . 青贮饲料加工与应用技术 [M]. 北京：金盾出版社，2010.

[31] 孟庆翔，杨军香 . 全株玉米青贮制作与质量评价 [M]. 北京：中国农业科学技术出版社，2016.

[32] 李德发 . 国内外饲料成分及营养价值史料汇编 [M]. 北京：中国农业大学出版社，2017.

[33] 杜连启 . 酿酒工业副产品综合利用技术 [M]. 北京：化学工业出版社，2014.

[34]（美）贝比考克，海斯，劳伦斯（主编），曹志军，李胜利，曹兵海（译）. 乙醇加工副产品在畜牧业的应用 [M]. 北京：化学工业出版社，2011.

[35] 李全宏，农副产品综合利用 [M]. 北京：中国农业大学出版社，2009.

[36] 谭翠，王之盛，万江虹，卜一碧，薛白 . 几种糟渣类饲料的贮藏技术简介 [G]，第五届中国牛业发展大会论文集，2010.

[37] 唐振华，邹彩霞，夏中生，梁辛，韦升菊，梁贤威 . 糟渣类饲料贮存技术的研究进展 [J]，中国畜牧兽医，2015，42(3):605-612.

致 谢

本书的编写和出版特别感谢中国农业科学院科技创新工程专项资金项目“寒生、旱生灌草新品种选育”（CAAS-ASTIP-2016-LIHPS-08）、中央级公益性科研院所基本科研业务费专项资金项目“河西走廊地区饲草贮存加工关键技术研究”（1610322017021）、甘肃省重大科研专项（项目编号：1502NKDA005-4）饲用高粱品质分析及肉牛安全高效利用技术研究与示范、甘肃省农牧厅（项目编号：20170206）农作物秸秆饲料化的利用研究与示范的资助。